3D 打印丛书

3D 打印

成型工艺及技术

冯春梅 施建平 李 彬 姜 杰 | 著
杨继全 | 主审

南京师范大学出版社
NANJING NORMAL UNIVERSITY PRESS

图书在版编目(CIP)数据

3D打印成型工艺及技术 / 冯春梅,施建平等著.
-- 南京:南京师范大学出版社,2016.5(2024.7重印)
(3D打印丛书)
ISBN 978-7-5651-2376-4

Ⅰ.①3… Ⅱ.①冯… ②施… Ⅲ.①立体印刷—印刷术 Ⅳ.①TS853

中国版本图书馆CIP数据核字(2015)第246366号

丛 书 名 3D打印丛书
书 名 3D打印成型工艺及技术
著 者 冯春梅 施建平 李 彬 姜 杰
主 审 杨继全
责任编辑 濮长飞
出版发行 南京师范大学出版社
地 址 江苏省南京市玄武区后宰门西村9号(邮编:210016)
电 话 (025)83598919(总编办) 83598412(营销部) 83373872(邮购部)
网 址 http://press.njnu.edu.cn
电子信箱 nspzbb@njnu.edu.cn
照 排 南京理工大学资产经营有限公司
印 刷 江苏凤凰数码印务有限公司
开 本 787毫米×960毫米 1/16
印 张 12.25
字 数 211千
版 次 2016年5月第1版 2024年7月第5次印刷
书 号 ISBN 978-7-5651-2376-4
定 价 38.00元

出 版 人 张 鹏

前　言

随着科学技术的发展和社会需求的多样化、全球统一市场和经济全球化的逐渐形成，产品市场的竞争更加激烈。产品上市时间的早晚是制造业市场竞争的焦点，任何国家都无法脱离世界市场，这就要求设计者不但能根据市场需求尽快设计出新产品，而且能在尽可能短的时间内制造出产品的原型，从而进行必要的功能验证，以保证制造企业的核心竞争力。

3D 打印技术具有个性化、小批量、快速制造原型等优点，满足现代制造业的设计需求，在汽车制造、航空航天、建筑、教育科研、卫生医疗以及娱乐等领域得到了越来越多的发展与应用。为落实国务院关于发展战略性新兴产业的决策部署，加快推进我国增材制造（3D 打印）产业健康有序发展，工业和信息化部、国家发展和改革委员会、财政部联合发布《国家增材制造产业发展推进计划（2015—2016 年）》，伴随着“中国制造 2025”规划的出炉，提出加快 3D 打印技术专业人才的培养。

本书适用于普通高等工科学校和高职高专的 3D 打印技术及智能制造专业，也可以供相关工程技术人员参考。本书主要介绍目前市场上主流的 3D 打印技术的基本原理、成型过程、系统组成、成型精度影响、应用场合等。

全书内容共分 7 章。第 1 章简要介绍 3D 打印的发展历程、成型工艺过程和分类，以及 3D 打印装置的技术实现等；第 2 章介绍光固化成型工艺，主要包括成型原理、工艺过程、光固化系统组成、控制技术、成型质量的影响因素和应用领域等；第 3 章介绍金属打印成型，包括选择性激光烧结技术、选择性激光熔化技术、电子束选区熔化技术和激光近净成型技术；第 4 章、第 5 章分别介绍三维印刷成型和熔融沉积成型，包括成型原理、工艺过程、系统组成、控制技术、成型质量的影响因素和应用领域等；第 6 章介绍生物 3D 打印工艺，主要包括生物 3D

打印技术的原理、分类与应用等；第7章介绍其他几种3D打印成型工艺，如叠层实体制造工艺、形状沉积制造工艺、数字投影成型工艺和喷墨技术工艺。本书在文字叙述上，力求深入浅出、图文并茂、通俗易懂。为便于教师和学生的学习，本书每章配有思考题及相关电子资源。本书由南京师范大学杨继全教授主审；南京师范大学冯春梅、施建平，南通理工学院李彬、姜杰、张捷负责编写。

本书在编写过程中参考了大量的相关资料，除书末注明的参考文献外，其余的参考资料主要有：公开出版的各类报纸、刊物和书籍；互联网上检索的信息。本书所采用的图片、模型等素材，均为所属公司、网站或个人所有，本书引用仅为说明之用，绝无侵权之意，特此声明。在此向参考资料的各位作者表示谢意！

在编写本书的过程中，南京师范大学和江苏省三维打印装备与制造重点实验室的郑梅、郭爱琴、程继红、王琼、杨建飞、邱鑫、朱莉娅、陈玲、褚红燕等老师给予了许多无私帮助与支持，尹亚楠、王璟璇、姜杰、吴静雯、李永超、王森、于佳佳、李客楼、徐荣健、陈慧芹等研究生做了大量的资料查阅和汇总等工作。最后衷心感谢南京师范大学出版社在本书出版过程中给予的大力支持。本书的出版得到国家自然科学基金(51407095、51605229、50607094、61601228)、国家重点研发计划(2017YFB1103200)、江苏省科技支撑计划(工业)重点项目(BE2014009)、江苏省科技成果转化专项资金重大项目(BA201606)等的支持。由于编者水平有限，书中的疏漏和错误在所难免，恳请读者批评指正，使之不断完善，编者在此预致谢意。

编者于南京

2018年

目　录

第1章　3D打印成型工艺及技术概述

3D打印(three dimensional printing, 3DP)作为战略新兴产业,近年来受到了广泛的关注与重视。3D打印,又可称为“增材制造”(additive manufacturing, AM)技术,是一种综合了计算机、材料、机械、控制及软件等多学科知识的先进制造技术。美国材料与试验协会(American Society for Testing and Materials, ASTM),给出了3D打印的明确定义:“Process of joining materials to make objects from 3D model data, usually layer upon layer, as opposed to subtractive manufacturing methodologies.”即一种与传统的材料去除加工方法截然相反的,通过增加材料、基于三维CAD模型数据,通常采用逐层制造方式,直接制造与相应数学模型完全一致的三维物理实体模型的制造方法。

3D打印作为第三次工业革命最具标志性的一个生产工具,时下已成为全球最热门的技术之一。3D打印是一种集计算机辅助设计(CAD)、计算机辅助制造(CAM)、计算机数字控制(CNC)、激光、精密伺服驱动、新材料等先进技术于一体的加工方法。目前,3D打印已发展了许多成型工艺,包括:光固化成型、选择性激光烧结、三维印刷成型、熔融沉积制造和叠层实体制造等。3D打印成型工艺及技术的飞速发展,为世界带来了颠覆性的变革。

1.1　3D打印的发展历程

3D打印的制造过程是基于“离散/堆积成型”思想,用层层加工的方法将成型材料“堆积”而形成实体零件。而分层制造三维物体的思想雏形,可以追溯到4 000年前,中国出土的漆器用黏合剂把丝、麻黏结起来铺敷在底胎(类似3D打印的基板)上,待漆干后挖去底胎成型。世界范围内也发现古埃及人在公元前就

已将木材切成板后重新铺叠制成像现代胶合板似的叠合材料。

首次提出层叠成型方法的是 Blanther，他于 1892 年利用分层制造的方法来构造地形图。该方法的原理是：将地形图的各轮廓线通过某些方法压印在一些蜡片上，然后再按照轮廓线切割各蜡片，并将切割后的各蜡片黏结在一起，从而得到对应的三维地形图。

1902 年，Carlo Baese 提出了用光敏聚合物来制造塑料件的方法，这是光固化成型(SL)的最初设想。直到 1982 年，Charles W. Hull 将光学技术应用于快速成型领域，并在 UVP 的资助下，完成了第一个 3D 打印系统——光固化成型系统(stereo lithography apparatus，SLA 或简称 SL)。该系统于 1986 年获得专利，是 3D 打印发展历程中的一个里程碑。同年，Charles 成立了 3D Systems 公司，研发了著名的 STL 文件格式，STL 格式逐渐成为 CAD/CAM 系统接口文件格式的工业标准。1988 年，3D Systems 公司推出了世界上第一台基于 SL 技术的商用 3D 打印机 SLA－250，其体积非常大，Charles 把它称为“立体平板印刷机”。尽管 SLA－250 身形巨大且价格昂贵，但它的面世标志着 3D 打印商业化的起步。

在此之后，相继出现了各种 3D 打印成型工艺及技术。Michael Feygin 于 1984 年发明了叠层实体制造(laminated object manufacturing，LOM)技术；Scott Crump 于 1988 年发明了熔融沉积制造(fused deposition modeling，FDM)技术；C. R. Dechard 于 1989 年发明了选择性激光烧结(selective laser sintering，SLS)技术；Emanual Sachs 于 1993 年发明了三维印刷(three dimensional printing，3DP)技术等。

除了新工艺的提出，3D 打印技术也得到了快速发展。如 2005 年，Z Corporation 公司推出世界上第一台高精度彩色 3D 打印机 Z510，使 3D 打印走进了彩色时代；2008 年，Objet 公司推出 Connex 500，让多材料 3D 打印成为可能；2009 年，澳大利亚 Invetech 公司和美国 Organovo 公司研制出全球首台商业化 3D 生物打印机，并打印出第一条血管等。这些技术创新使 3D 打印越来越贴近人们的生活，并对许多产业产生深远的甚至颠覆性的影响。2012 年 4 月，英国著名经济学杂志《经济学人》发表的封面文章 *The Third Industrial Revolution*，认为 3D 打印“将与其他数字化生产模式一起推动实现第三次工业革命”。

欧美各国均将 3D 打印产业列为优先发展的战略性产业并予以大力资助，

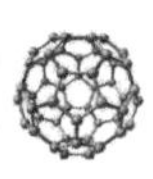

尤其是美国，更是将其列为三大战略产业之首投入巨资发展。美国《时代》周刊已将 3D 打印产业列为“美国十大增长最快的工业”。从 3D 打印领域的年度权威报告 *Wohlers Report 2015* 可看出当前 3D 打印的全球发展概况，图 1－1 反映了 3D 打印全球市场销售收入状况，图 1－2 反映了全球 3D 打印产业增长情况，图 1－3 是工业型 3D 打印市场未来增长预测。

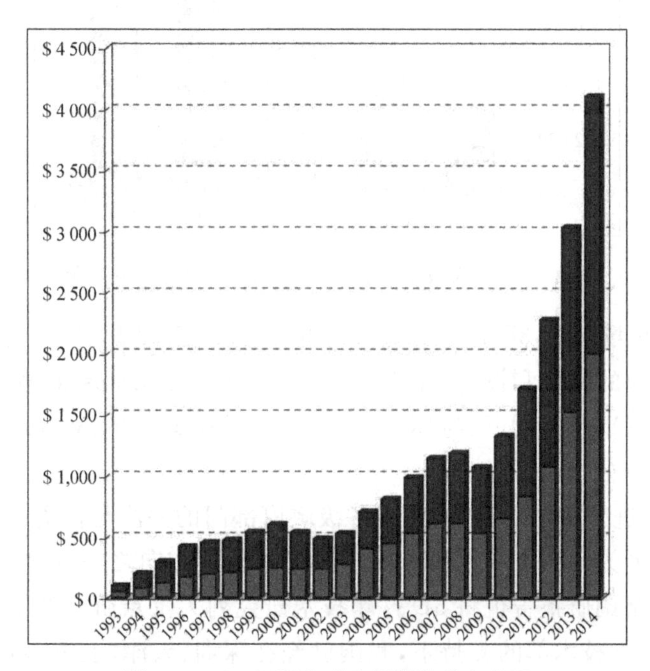

图 1－1　3D 打印全球市场销售收入状况

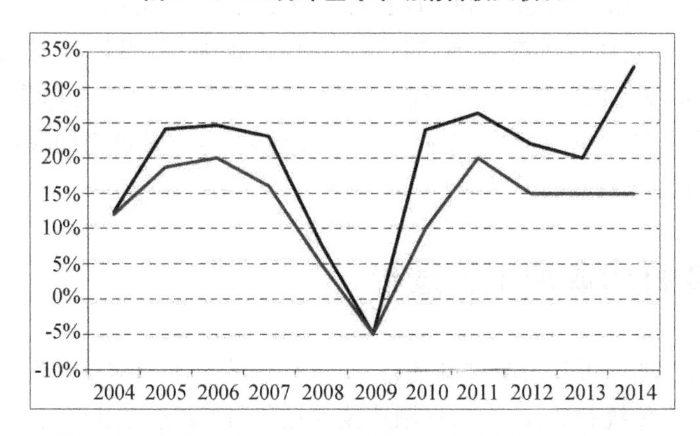

图 1－2　全球 3D 打印产业增长情况（工业型 3D 打印领域）

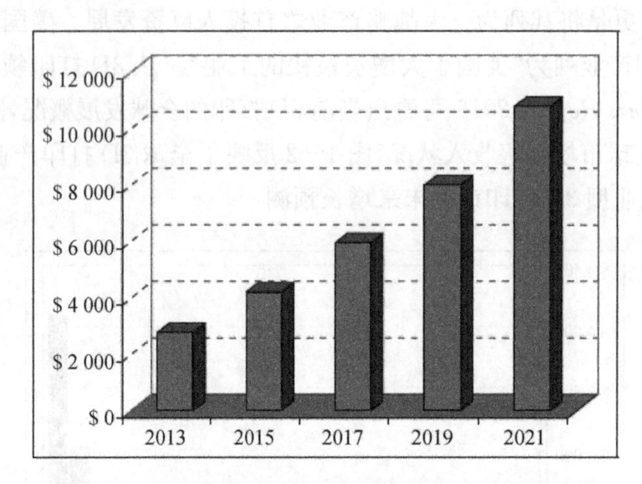

图 1－3　未来数年工业型 3D 打印市场增长情况预测

从国际市场来看，3D 打印成型市场本身已进入商业化阶段，出现了多种成型工艺及相应的软件和设备，如美国的 3D Systems、Stratasys，德国的 EOS 公司，以色列的 Objet 公司（已与 Stratasys 公司合并），瑞典的 Arcam 公司，比利时的 Materialise 公司等。

3D 打印进入我国后，也得到了各级政府部门的关注与投资。1995 年，3D 打印技术被列为我国未来十年十大模具工业发展方向之一，国内的自然科学学科发展战略调研报告也将 3D 打印技术研究列为重点研究领域之一。近年来，在国家科学技术部的支持下，我国已经在深圳、天津、上海、西安、南京、重庆等地建立了一批向企业提供 3D 打印技术的服务机构，并起到了积极的作用，推动了 3D 打印技术在我国的广泛应用，使我国 3D 打印技术的发展走上了专业化、市场化的轨道，为我国制造型企业的发展起到了支撑作用，提升了企业对市场的快速响应能力，提高了企业的竞争力，同时也为国民经济增长做出了重大贡献。

1.2　3D 打印成型工艺过程

制造技术通常可分为减材制造技术、等材制造技术和增材制造技术 3 种形式。前两者为传统制造技术，减材制造技术是利用刀具或电化学方法，去除毛坯中不需要的材料，剩下的部分即是所需加工的零件或产品。等材制造技术是利

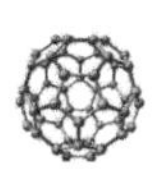

用模具控型，将液体或固体材料变为所需结构的零件或产品。而增材制造技术，即 3D 打印技术，与传统制造方法不同，其加工过程基于“离散/堆积成型”思想，是从零件的 CAD 实体模型出发，通过软件分层离散，利用数控成型系统层层加工的方法，将成型材料堆积而形成实体零件。3D 打印技术与传统制造技术的比较见表 1－1。

表 1－1　3D 打印技术与传统制造技术的比较

指标性能	传统制造技术	3D 打印技术
制造零件的复杂程度	受刀具或模具的限制，无法制造太复杂的曲面或异形深孔等	可制造任意复杂形状（曲面）的零件
材料利用率	产生切屑，利用率低	利用率高，材料基本无浪费
加工方法	去除成型，切削加工	添加成型，逐层加工
加工对象	个体（金属树脂片、木片等）	液体、粉末、纸、其他
工具	切削工具	光束、热束

3D 打印是一种从“0”到“1”的加工过程，包含三维建模、模型近似处理、模型切片处理、成型加工和后处理 5 个步骤，具体成型过程如图 1－4 所示。

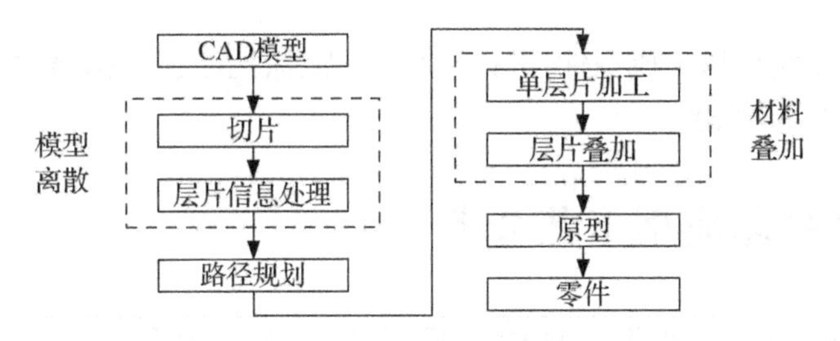

图 1－4　3D 打印成型过程图

1. 三维建模

由于 3D 打印系统是由三维 CAD 模型直接驱动的，因此，首先要构建所加工工件的三维 CAD 模型。该三维 CAD 模型可以利用计算机辅助设计软件（如 Pro/E，I－DEAS，SolidWorks，UG 等）直接构建，也可以将已有产品的二维图样进行转换而形成三维模型，或对产品实体进行激光扫描、CT 断层扫描，得到点云数据，然后利用反求工程的方法来构造三维模型。

2. 模型近似处理

产品往往有一些不规则的自由曲面，加工前要对模型进行近似处理，以方便后续的数据处理工作。而 STL 格式文件简单、实用，目前已经成为 3D 打印领域的标准接口文件。它是用一系列小三角形平面来逼近原来的模型，每个小三角形用 3 个顶点坐标和一个法向量来描述，三角形平面的大小可以根据精度要求进行选择。STL 文件有二进制码和 ASCII 码两种输出形式，二进制码输出形式的文件所占的空间比 ASCII 码输出形式的文件所占用的空间小得多，但 ASCII 码输出形式的文件可以阅读和检查。典型的 CAD 软件都带有转换和输出 STL 格式文件的功能。

3. 模型切片处理

根据被加工模型的特征选择合适的加工方向，在成型高度、方向上用一系列一定间隔的平面切割近似后的模型，以提取截面的轮廓信息。间隔距离一般取 0.05～0.5 mm，常取 0.1 mm。间隔越小，成型精度越高，但成型时间也越长，效率也越低，反之则精度低，但效率高。

4. 成型加工

根据切片处理的截面轮廓，在计算机控制下，相应的成型头（激光头或喷头）按各截面信息做扫描运动，在工作台上一层一层地堆积材料，然后将各层相黏结，最终得到原型产品。

5. 后处理

从成型系统里取出成型件，进行打磨、抛光、涂挂，或放在高温炉中进行后烧结，进一步提高其强度。

1.3 3D 打印成型工艺分类

3D 打印成型工艺根据成型方法、成型材料和材料堆积方式的不同，有不同的分类。

1.3.1 按成型方法分类

3D 打印成型工艺按成型方法可分为两大类：① 基于激光或其他光源的成型技术，包括光固化成型（SL）工艺、选择性激光烧结（SLS）工艺、叠层实体制造（LOM）工艺等。② 基于喷射的成型技术，包括熔融沉积制造（FDM）工艺、三维印刷成型（3DP）工艺等。

1. 光固化成型（SL）工艺

SL 以光敏树脂为加工材料，根据模型分层的截面数据，计算机控制紫外激

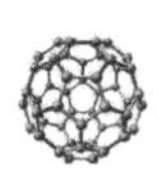

光束在光敏树脂表面进行扫描，使其固化生成零件，每次产生零件的一层。每一层固化完毕之后，工作平台移动一个层厚的高度，然后将树脂涂在前一层上，如此反复，每形成新的一层均黏附到前一层上，直到完成零件的制作。SL 所用激光器的激光波长有限制，一般采用 UV He-Cd 激光器(325 nm)、UV Ar+激光器(351 nm,364 nm)和固体激光器(355 nm)等。采用这种工艺成型的零件有较高的精度且表面光洁，但其缺点是：可用材料的范围较窄，材料成本较高，激光器价格昂贵，从而导致零件制作成本较高。

2. 选择性激光烧结(SLS)工艺

SLS 采用高能激光器作能源，使用的造型材料多为粉末材料。加工时，首先将粉末预热到稍低于其熔点的温度，然后在刮平辊子的作用下将粉末铺平，高能激光束在计算机控制下根据分层截面信息进行有选择的烧结，一层完成后再进行下一层烧结，全部烧结完后去掉多余的粉末，就可以得到一个烧结好的零件。SLS 的材料适用范围很广，特别是在金属和陶瓷材料的成型方面有独特的优点。其缺点是：所成型的零件精度和表面光洁度较差。

3. 三维印刷成型(3DP)工艺

3DP 工艺可分为三种：粉末黏结工艺、喷墨光固化工艺、粉末黏结与喷墨光固化复合工艺。其中粉末黏结 3DP 工艺与 SLS 类似，它采用粉末材料成型，如石膏粉末、塑料粉末、石英砂、陶瓷粉末、金属粉末等。不同的是，材料粉末不是通过烧结连接起来的，而是通过喷头喷射黏合剂至粉末表面，形成一个固化的层片，如此一层层打印出来并层层叠加，最终形成立体的三维模型。3DP 可配合 PC 使用，操作简单，速度快，适合办公室环境使用。对于采用石膏粉末等作为成型材料的粉末黏结 3DP 工艺，其工件表面顺滑度受制于粉末颗粒的大小，所以工件表面粗糙，需用后处理来改善，并且原型件结构较松散，强度较低；对于采用可喷射树脂等作为成型材料的喷墨光固化 3DP 工艺，虽其成型精度高，但由于其喷墨量很小，每层的固化层厚一般为 10～30 μm，加工时间较长，制作成本较高。

4. 熔融沉积制造(FDM)工艺

FDM 工艺不采用激光作能源，而是用电能加热塑料丝，使其在挤出喷头前达到熔融状态，喷头在计算机的控制下将熔融的塑料丝喷涂到工作平台上，从而完成整个零件的加工过程。FDM 的能量传输和材料传输方式使得系统成本较低。其缺点是：由于喷头的运动是机械运动，速度有一定限制，所以加工时间稍长，成型材料适用范围不广，喷头孔径不可能很小，因此，原型件的成型精度较低。

5. 叠层实体制造(LOM)工艺

LOM 工艺常用的成型材料主要有纸、PVC 薄膜和陶瓷膜等片材。以纸质 LOM 工艺为例，其工作过程为：LOM 先将单面涂有热熔胶的纸通过加热辊加压黏结在一起。此时位于其上方的激光器按照分层 CAD 模型所获得的数据，将一层纸切割成所制零件的内外轮廓，然后新的一层再叠加在上面，通过热压装置将下面的已切割层黏合在一起，激光束再次进行切割。切割时工作台连续下降。切割掉的纸片仍留在原处，起支撑和固定作用。纸片的一般厚度为 0.07～0.1 mm。LOM 工艺的层面信息只包含加工轮廓信息，可以达到很高的加工速度。其缺点是：材料范围很窄，每层厚度不可调整。以纸质的片材为例，每层轮廓被激光切割后会留下燃烧的灰烬，且燃烧时有较大的有毒烟雾；而采用 PVC 薄膜作为片材的工艺，由于材料较贵，利用率较低，导致模型成本太高。

SL、LOM、SLS、FDM 和 3DP 五种 3D 打印成型工艺之间的比较见表 1-2。

表 1-2　3D 打印成型工艺比较

工艺	光固化成型	叠层实体制造	选择性激光烧结	熔融沉积制造	三维印刷成型
缩写	SL	LOM	SLS	FDM	3DP
材料类型	液体（光敏聚合物）	片材（塑料、纸）	粉末（聚合物、金属）	丝材（塑料）	粉末（石膏、塑料）液体（光敏聚合物）
单层厚度/mm	0.0010	0.0020	0.0040	0.0050	0.0020
精度/mm	±0.0050	±0.0040	±0.0100	±0.0050	±0.0040
速度	一般	快	快	慢	很快
悬空处是否需要支撑物	是	是	否	是	否
首次将该工艺商业化的公司	3D Systems	Helisys（改为 Cubic Technologies）	DTM（2001 年被 3D Systems 收购）	Stratasys	Z Corp（2012 年被 3D Systems 收购）

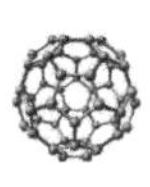

1.3.2　按成型材料分类

3D 打印成型工艺按成型材料可分为液态材料、离散颗粒和实体薄片，如图 1－5 所示。其中，LTP(liquid thermal polymerization)为树脂热固化成型，是一种用红外激光器固化热性光敏树脂的成型工艺，成型过程与 SL 相同；SGC(solid ground curing)为实体掩模成型，将每层的 CAD 数据制成一掩模，覆盖于树脂上方，通过在掩模上方的 UV 光源发出的平行光束，把该层的图形迅速固化，未固化的树脂被清洗掉，接着用蜡填充该层未被固化的区域，随后蜡在成型室内较低的温度下凝固，再铣平该层蜡；BPM(ballistic particle manufacturing)为弹道颗粒制造成型，将熔化的成型材料由喷嘴喷射到冰冷的平台上被迅速凝固成型；SF(spatial forming)——空间成型，每层切片的负型用有颜色的有机墨打印到陶瓷基体上，随后被紫外光固化，达到一定层数后，用含有金属颗粒的另一种墨填充未被有机墨喷射的区域，随后该种墨被固化，并铣平；SFP(solid foil polymerisation)——实体薄片成型，先用某种光源固化树脂形成一半固化薄层，再用 UV 光源在该半固化层上固化出该层的形状，未被 UV 固化的区域可以作为支撑，并且能够去除。

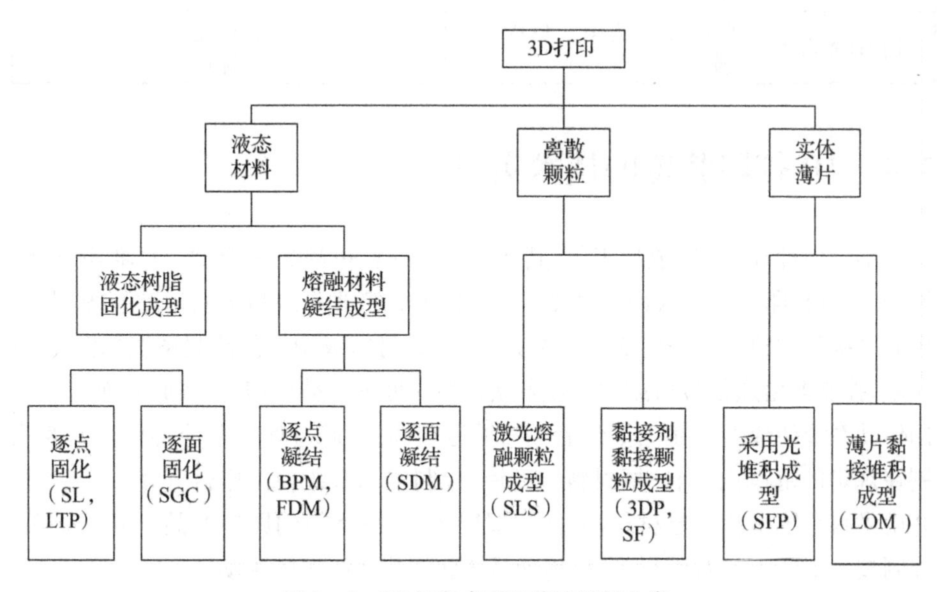

图 1－5　3D 打印成型工艺按材料分类

1.3.3 按材料堆积方式分类

美国材料与试验协会(ASTM)按照材料堆积方式,将3D打印成型工艺分为7大类,如表1-3所示。

表1-3 3D打印成型工艺按材料堆积方式分类

工艺	代表性公司	材料	用途
容器内光固化	3D Systems(美国)、EnvisionTEC(德国)	光敏聚合物	模型制造、零部件直接制造
材料喷射	Objet(以色列)、3D Systems(美国)、Solidscape(美国)	聚合物、蜡	模型制造、零部件直接制造
黏合剂喷射	3D Systems(美国)、ExOne(美国)、Voxeljet(德国)	聚合物、砂、陶瓷、金属	模型制造
材料挤压成型	Stratasys(美国)	聚合物	模型制造、零部件直接制造
粉末烧结/熔化	EOS(德国)、3D Systems(美国)、Arcam(瑞典)	聚合物、砂、陶瓷、金属	模型制造、零部件直接制造
片层压成型	Fabrisonic(德国)、Mcor(爱尔兰)	纸、金属、陶瓷	模型制造、零部件直接制造
定向能量沉积	Optomec(美国)、POM(美国)	金属	修复、零部件直接制造

1.4 3D打印装置的技术实现

不论何种3D打印成型工艺,其加工过程的思想都是基于“离散/堆积成型”原理。3D打印设备一般由成型工作台、成型头(激光头或喷头)、运动系统、温度控制系统和供料系统等组成。一类典型的3D打印成型工艺控制系统如图1-6所示,控制器由通信接口或输入设备获得切片处理的截面信息,按此截面信息控制传动系统使成型头在工作台上做扫描运动,同时通过加热系统将材料温度控制在规定的范围内,当一层材料成型后,控制传动系统使工作台升降一个层厚,并由供料系统堆积一层材料,如此一层层叠加,最终得到原型产品。3D打印的控制技术实质上是对供料系统、传动系统和加热系统等的驱动。

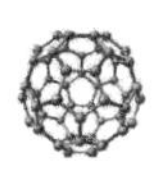

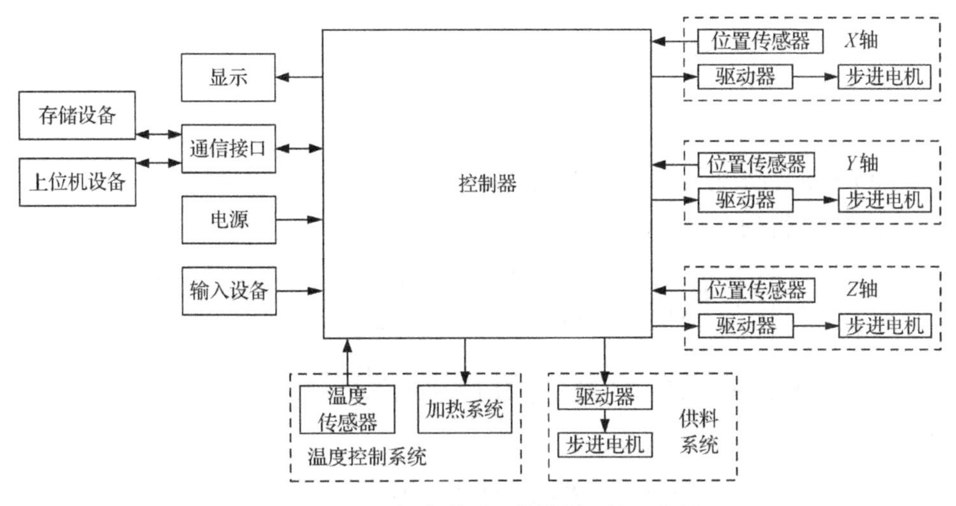

图1-6 3D打印成型工艺控制系统示意图

1.4.1 控制器及PID控制理论

控制器是控制系统的核心,直接决定着3D打印工艺控制系统性能的优劣。在控制器开发的过程中,一些低端的打印设备(如大部分FDM设备)最开始使用性能较为简单的单片机系列作为控制器,其结构简单,便于开发,受到广大设计者特别是DIY爱好者的青睐。而近些年来,随着控制要求的不断提升,控制性能更好的ARM控制器应用越来越广泛。在基于喷射的3D打印成型工艺中,控制系统需要对图形进行大量的点阵数据处理,大多采用FPGA(field programmable gate array)及DPS(data processing system)控制器,此外还有很大一部分设备直接采用工控机作为设备主控器,配合其他控制单元,以更好地实现控制功能。

PID控制算法是控制领域使用最广的算法之一,常规的PID控制器是一种线性控制器,它根据设定值 $r(t)$ 与反馈值 $c(t)$ 的偏差 $e(t)$ 来进行比例(proportional)、积分(integral)、微分(derivative)的调节,从而达到对控制对象进行控制的目的。其结构简单,鲁棒性好,具有较高的可靠性,控制公式为

$$u(t)=K_{\mathrm{P}}\left[e(t)+\frac{1}{T_{\mathrm{I}}}\int_{0}^{t}e(t)\mathrm{d}t+T_{\mathrm{D}}\frac{\mathrm{d}e(t)}{\mathrm{d}t}\right] \tag{1-1}$$

式中,K_{P} 为比例系数,T_{I} 是积分时间,T_{D} 是微分时间。

将公式进行离散化,则有

$$\begin{cases} \dfrac{\mathrm{d}e(t)}{\mathrm{d}t} = \dfrac{e(n)-e(n-1)}{T_S} \\ \displaystyle\int_0^t e(t)\mathrm{d}t = T_S \sum_{i=1}^{n} e(i) \end{cases} \tag{1-2}$$

式中，$e(n)$是第 n 次采样设定值与反馈值的差，T_S 为采样周期。

整理后，得到

$$u(n) = K_P\left\{e(n) + \frac{T_S}{T_I}\sum_{i=1}^{n} e(i) + \frac{T_D}{T_S}[e(n)-e(n-1)]\right\} \tag{1-3}$$

设积分系数 $K_I = K_P \dfrac{T_S}{T_I}$，微分系数 $K_D = K_P \dfrac{T_D}{T_S}$，则

$$u(n) = K_P e(n) + K_I \sum_{i=1}^{n} e(i) + K_D[e(n)-e(n-1)] \tag{1-4}$$

PID 控制器的每部分调节起着不同的作用：比例调节可以直接反映系统的偏差，使系统朝着减小偏差的方向发展；积分调节反映系统误差的累计情况，有消除系统稳态误差的作用；微分调节反映系统的误差变化率，具有预测误差变化趋势，抑制误差的作用。三个部分通过对参数进行合理的设置，可实现良好的控制效果。

1.4.2 电机控制

3D 打印设备中的运动控制执行元件有多种，如步进电机、伺服电机、直线电机等。本书主要以步进电机为例做简要介绍。

步进电机是将输入的脉冲信号转化成角位移或直线位移输出的电动机，具有结构简单、控制精度高和连续工作无累计误差等特点，是 3D 打印机理想的运动控制执行元件。

步进电机从其结构形式上可以分为以下 3 种：反应式步进电机（variable reluctance，VR）、永磁式步进电机（permanent magnet，PM）和混合式步进电机（hybrid stepping，HS）。反应式步进电机由定子、转子和定子绕组组成，且定子磁极和转子上有很多小齿。定子和转子都是由软磁材料制成的。电机利用“磁阻最小原理”所产生的磁阻转矩使电机一步一步转动。反应式步进电机多为三相，结构简单，步矩角较小，但其动态性能差，噪音很大。永磁式步进电机与反应式步进电机不同的是，永磁式步进电机的转子是永磁体，定子、转子极数相同。

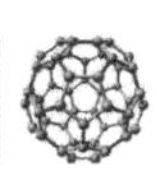

工作时，永磁转子建立的磁场与定子电流所产生的磁场相互作用而产生转矩，使转子一步一步运转。永磁式步进电机输出力矩较大，有很好的动态性能，但是其步矩角较大，控制精度较差。混合式步进电机结合了反应式和永磁式步进电机的优点：它的定子铁芯与反应式的相同，同样是把定子分成若干个极，每个极上又有很多小齿；绕组的控制方式同永磁式步进电机相同，即两相集中，每相为两对极；转子铁芯上有齿槽，齿间距离和定子小齿间距相同。这样既有较大的输出力矩，又可以保证步矩角很小，受到市场的认可。

步进电机是基于最基本的电磁铁原理进行控制的，以三相反应式步进电机为例，其工作原理图如图 1－7 所示，A、B、C 三相夹角均为 120°，电机转子有 4 个齿，两齿间夹角为 90°，即 4/3 个齿矩角。当 AA′相绕组通电后产生磁场，在磁场的作用下转子 1、3 齿与其对齐。当 AA′相断电，BB′相通电时，磁场将会吸引离 BB′磁场轴线只有 1/3 齿矩角的转子 2、4 齿，使其轴线与磁场轴线对齐。这样转子顺时针转了 30°，即步矩角为 30°。像这样顺序改变各绕组通电状态，转子就是按照一定的速度转动，而当电机 AA′相断电后，CC′相通电，则转子就会改变运动方向。

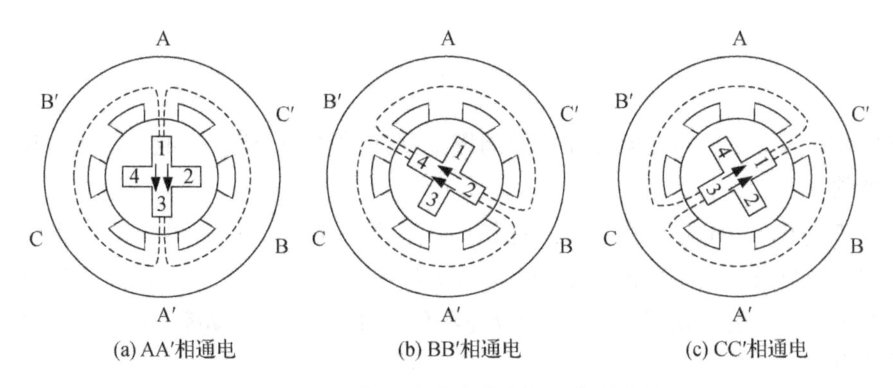

(a) AA′相通电　(b) BB′相通电　(c) CC′相通电

图 1－7　三相反应式步进电机工作原理图

步进电机的转动与定子绕组的通电状态有关，电机的转动方向与绕组通电状态的变化顺序有关，而步进电机的速度与绕组通电状态的切换频率有关。如果把改变绕组的一次通、断电状态称为一拍，则三相步进电机的通电方式可归结为以下几种：① 单相三拍通电方式。这种每拍只有一相绕组线圈通电，三拍可完成一次循环，绕组可按照 A－B－C－A 或 A－C－B－A的通电方式。每次转子转动 1/3 齿矩角，步矩角为 30°。② 双相三拍通电方式。这种每拍有两相绕组线圈通电，绕组可按 AB - BC - CA - AB 或 AC - CB - BA - AC 的通电方式。这种方式的步矩角也为 30°，但是此种方式比单相通电稳定。③ 单双六拍通电方式。这种绕组按照 A - AB - B - BC - C - CA - A 或 A - AC - C - CB - B - BA - A 的通电方式，每次转子转动 1/6 齿矩角，即步矩角为 15°。

设步进电机的运行拍数为 N，即该控制绕组的通电状态需要切换 N 次才能完成一个通电循环；设转子齿数为 Z_r，则步进电机的步矩角 θ_S 为

$$\theta_S = \frac{360°}{Z_r N} \tag{1-5}$$

设脉冲频率为 f，则步进电机每分钟转速为

$$n = \frac{60 f\theta_S}{360°} = \frac{60f}{Z_r N} \tag{1-6}$$

步进电机定子磁极数与转子齿数之间还有一定的关系，每一个磁极下的齿数不能为正整数，而是需要相差$\frac{1}{m}$个齿，经过 m 个磁极相差一个齿，这样每级下的齿数则是

$$\frac{Z_r}{2mp} = K \pm \frac{1}{m} \tag{1-7}$$

式中，$2p$ 为定子一相通电时在气隙周围上形成的磁极个数（一般 $2p=2$），K 为正整数。

步进电机的控制系统主要由脉冲宽度调制（pulse width modulation，PWM）波形发生器、脉冲分配器以及驱动器等组成，如图 1 - 8 所示。PWM 波形发生器产生脉冲信号，通过脉冲分配器分配，由驱动器驱动控制步进电机绕组的通电状态。

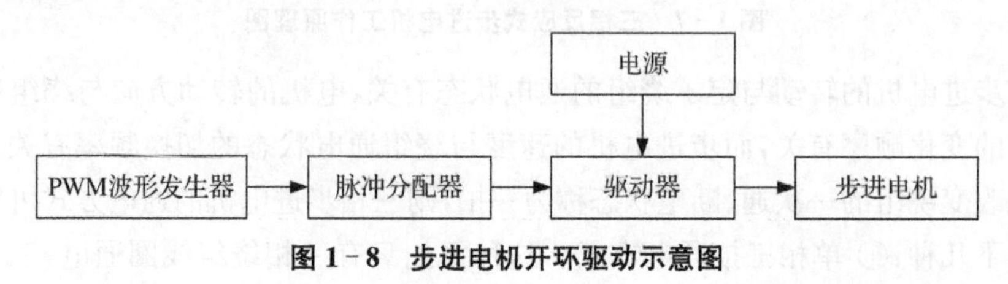

图 1 - 8　步进电机开环驱动示意图

步进电机根据驱动方式的不同可分为单电压控制、双电压控制、恒电流控制等。

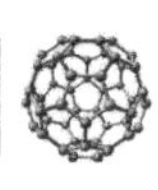

1. 单电压控制

单电压控制指的是电机的供电电源只有一个恒定的电压，其电路结构如图 1－9 所示。此种驱动方式电路设计简单，但是绕组电流由零变成最大值需要一定时间，如果频率过快，会使电机的转矩变小。

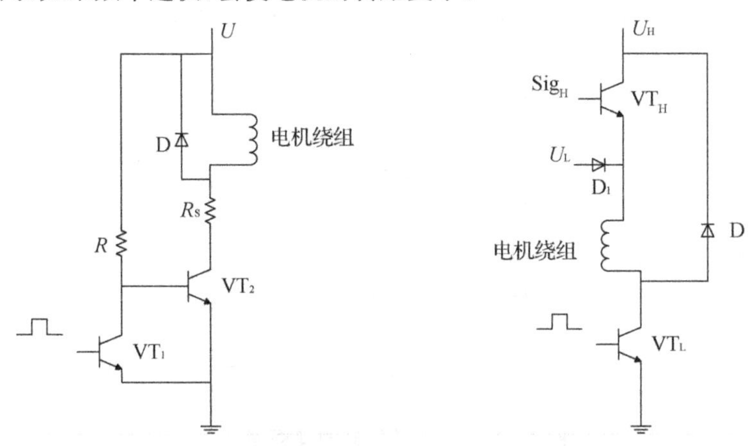

图 1－9　单电压控制电路结构图　　图 1－10　双电压控制电路结构图

2. 双电压控制

双电压控制，顾名思义就是电机的供电电压分高低两种，其电路结构如图 1－10所示。这种方式的主要控制思路是，利用提高电压值的方法，缩短绕组电流上升时间，保证步进电机的高频特性。在绕组通电开始时，系统通过控制 Sig_H 信号控制 VT_H 导通，为绕组提供高电压供电，在绕组电流达到最大值后，关断 VT_H，利用低电压为绕组供电。过程中两控制信号要保持同步，而且 VT_H 开关管的导通时间必须经过严格的计算，如果打开时间过长，则绕组电流过载，如果打开时间过短，则改进的效果不明显。

3. 恒电流控制

恒电流控制的基本思想就是利用比额定电压高几倍的高电压对电机供电，保证电机不管处于何种工作频率，绕组电流固定不变，从而保证步进电机的转矩不受控制方式的影响。具体的电路结构框图如图 1－11 所示。

由于电机供电电源电压比较高，给绕组通电后，通过绕组的电流会瞬间升到所需驱动电流。而电流通过反馈电阻 R，会在电阻两端产生电势差，把检测到的电压值送到比较器进行比较，当电路中的电流超过给定值，比较器会关断功率开关管 VT_H，此时电路中流经绕组的电流会减小，当电路中的电流不满足工作要

求时，比较器会打开功率开关管。如此通过对开关管的控制，达到保持绕组电流恒定的目的。

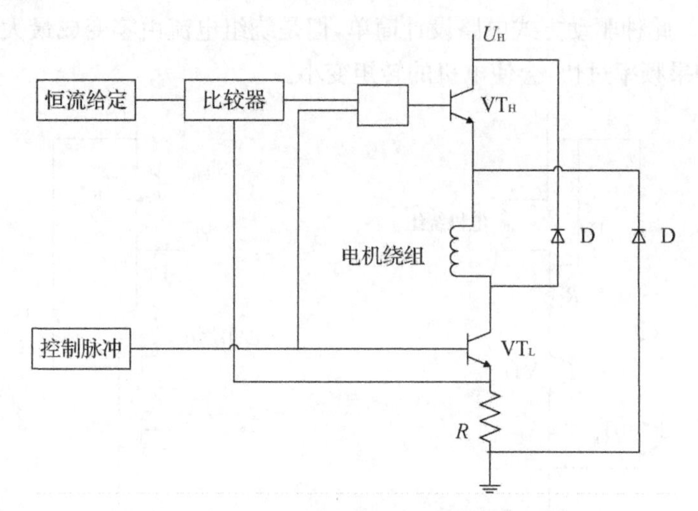

图 1-11　恒电流控制原理框图

步进细分驱动技术在 20 世纪 70 年代中期由美国科学家 T. R. Fredriksen 提出，它是在绕组间相互对称和步矩角具有正弦特性的基础上，通过改变电机每个绕组的电流变化，只减小或增加一部分，使绕组中的电流呈阶梯下降或上升，且任何时刻两绕组中的电流之和不变，恒为 I_m，以两相步进电机为例，其以单四拍的方式运动，各相绕组电流变化示意图如图 1-12 所示。步进电机的旋转力矩大小由合成磁场矢量的幅值决定，步矩角的大小将由两相邻合成磁场的夹角决定，从而达到细分驱动的目的，其原理如图 1-13 所示。

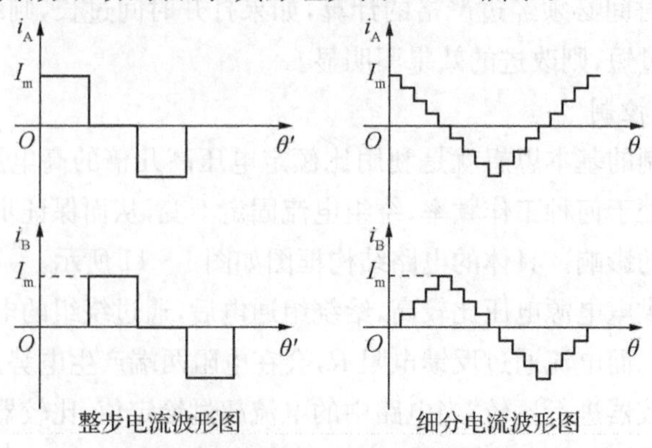

图 1-12　整步与细分电流波形图

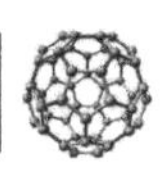

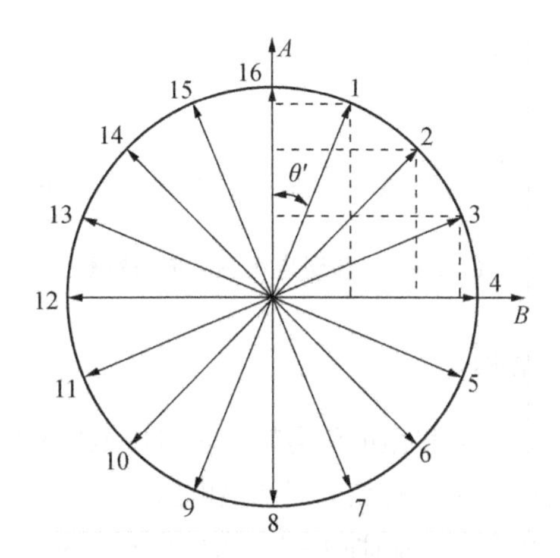

图 1－13　合成磁场矢量分析图

如果步进电机利用原始驱动方法，A、B 换相，步矩角为 θ_S。采用 n 细分算法后，步矩角变成 $\theta'=\dfrac{\theta_S}{n}$，如图 1－13 所示。细分驱动可以大大地减小步矩角，大幅提高步进电机的控制精度，同时还可以大大减小转子到达平衡位置的过程能量，减小了震荡，使步进电机的工作更加平稳，而且细分驱动可以使步进电机的电磁转矩增大。

为了实现细分驱动，可以把绕组电流的通、断式变化变成阶梯式变化。PWM 技术恰好可以很好地解决这个问题。给定功率开关管基极 PWM 波，随着波形的高低变化，开关管会打开或者关闭，所以随着 PWM 波占空比的变化，电路中电流大小也会随之变化。我们确定系统所需要的最大细分数 n，将电流从零到最大分成 n 份，将每一份的电流值存入 ROM 中。而每相电流的幅值相同，相位相差$\dfrac{\pi}{2}$，所以每相的电流值的大小由下面的公式确定：

$$\begin{cases} i_A = I_m \sin\theta \\ i_B = I_m \sin\left(\dfrac{\pi}{2}+\theta\right) \end{cases} \tag{1-8}$$

控制过程如图 1－14 所示，控制器查表得到所要输出电流的数字量，根据此数字量生成不同占空比的 PWM 波，通过对功率开关管的通断控制每相绕组电流的大小。

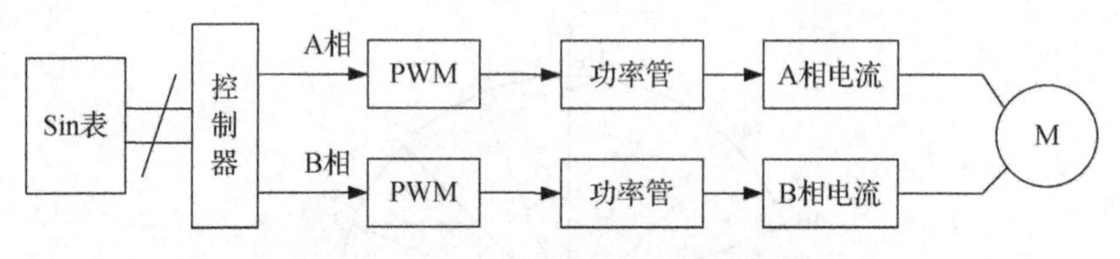

图 1-14　步进电机驱动电路框图

1.4.3　温度控制

温度传感器指的是可以将温度信号转化为可用电信号的器件，其种类繁多，在温度控制系统中比较常用的有热电偶和热电阻两类。

热电偶是根据热电效应，将两种不同金属材料的一端焊接在一起。当焊接端与非焊接端温度发生变化时，非焊接端两金属间会有电势差产生。电势差的大小只与材料两端的温度差有关，与材料的长度和直径无关。热电偶的测温范围最广可达−270～1 800 ℃。其测温范围广，价格便宜，性能可靠，所以受到广泛应用。但是热电偶在使用时要设计冷端补偿电路，才可以准确测量温度数据。

热电阻是一种阻值可随温度变化的电阻元件，工业上用得较多的热电阻有铂电阻和铜电阻，铜电阻 Cu50 的测温范围是−50～150 ℃，铂电阻 Pt100 的测温范围是−200～850 ℃。利用铂电阻检测温度，其测温范围广，灵敏度高，稳定性好，无须补偿电路。

为保持温度的准确和稳定，3D 打印温度控制系统常用闭环控制的方式，如图 1-15 所示。

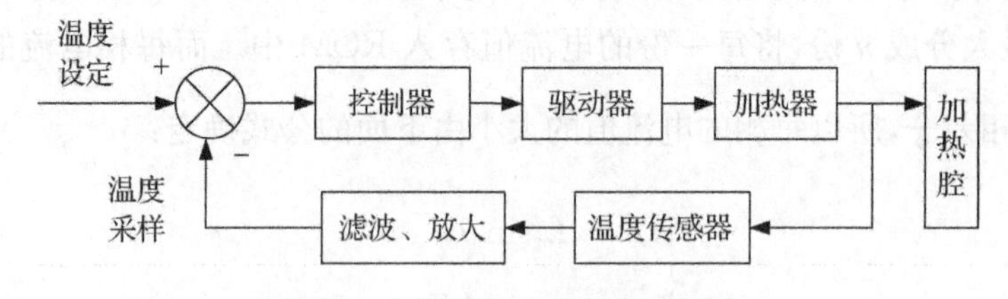

图 1-15　温度闭环控制示意图

1.4.4　喷墨控制

在三维打印工艺中，有部分工艺利用喷射的方式对黏合剂或成型材料进行喷射，如粉末黏结 3DP 工艺、喷墨光固化 3DP 工艺等。喷墨控制就是对上位机产生

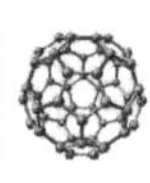

的模型层状数据进行精确喷射，其控制示意图如图 1－16 所示。

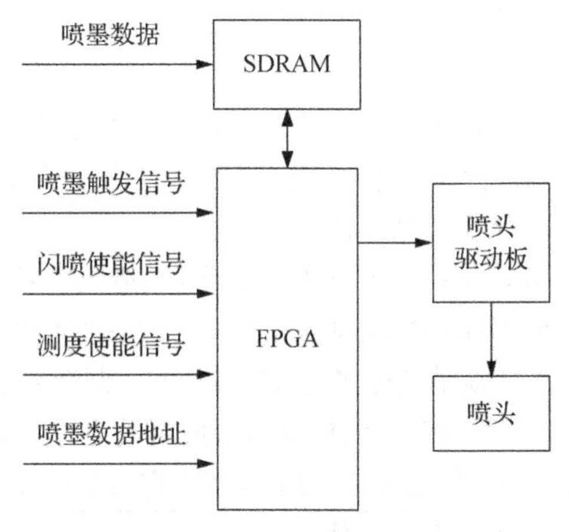

图 1－16　喷墨控制示意图

1.4.5　通信接口

通信接口的主要功能是使系统可以读取外部存储设备或上位机中的 CAD 模型切片信息。当前主流的便携式存储设备有 U 盘和 SD 卡，而 USB 通信接口从便携和通用角度考虑，更为实用，其他的还有以太网通信接口。图 1－17 所示为串口设置的一般步骤。

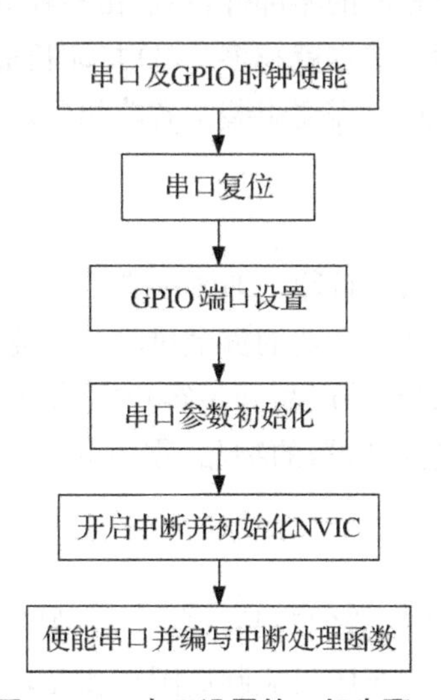

图 1－17　串口设置的一般步骤

1.5 3D打印的优势

3D打印技术已成为当今潮流,并广泛应用于生产生活的各个领域。相较于传统制造技术,3D打印技术的优势主要表现为以下几个方面。

1. 低成本制造各种复杂产品零件

对于传统制造而言,产品零件的形状越复杂,制造成本越高。但是对于3D打印而言,制造形状复杂的物品成本不明显增加,制造一个华丽的、形状复杂的物品并不比打印一个简单的方块消耗更多的时间或成本。制造复杂物品而不增加成本将打破传统的定价模式,并改变我们计算制造成本的方式。如很多3D打印服务商在核算3D打印成本和市场报价时,均是以打印物品的重量作为重要依据。

2. 方便地制造个性化产品零件

传统制造方法制造不同零件一般需要不同设备的分工协作,而同一台3D打印设备可以打印许多形状不同的零件,它可以像工匠一样每次都制造出不同形状的物品。传统的制造设备功能较少,做出的形状种类有限。一台3D打印机只需要不同的数字设计蓝图和一批新的原材料就可以制造不同的零件。

3. 制造无装配产品零件

3D打印能使部件一体化成型。传统的大规模生产建立在组装线基础上,在现代工厂里,机器生产出相同的零部件,然后由机器人或工人组装。产品组成部件越多,组装耗费的时间和成本就越多。3D打印机通过分层制造可以同时打印一扇门及上面的配套铰链,不需要组装。省略组装就缩短了供应链,节省了劳动力和运输方面的花费。

4. 零库存产品制造模式

3D打印机可以快速按需打印。即时按需生产减少了企业的实物库存,极大降低了企业的生产成本,降低企业的资金风险。企业可以根据客户订单使用3D打印机制造出特别的或定制的产品满足客户需求,所以新的商业模式将成为可能。如果人们按需就近生产所需的物品,零时间交付式生产能最大限度地减少长途运输的成本。

5. 开放自由的设计

传统制造技术和工匠制造的产品形状有限,制造形状的能力受制于所使用的工具。例如,传统的木制车床只能制造圆形物品,轧机只能加工用铣刀组装的部件,制模机仅能制造铸模形状。3D打印机可以突破这些局限,开辟巨大的设

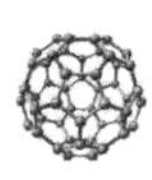

计空间，甚至可以制作目前可能只存在于自然界的形状。应用3D打印设备，设计人员可以完全按照产品的使用功能进行产品的设计，无须考虑产品的加工装配等诸多环节。

6. 零技能产品制造

传统工匠需要当几年学徒才能掌握所需要的技能。批量生产和计算机控制的制造机器降低了对技能的要求，然而传统的制造机器仍然需要熟练的专业人员进行机器调整和校准。3D打印机从设计文件里获得各种指示，做同样复杂的物品，3D打印机所需要的操作技能相对较少。非技能制造开辟了新的商业模式，并能在远程环境或极端情况下为人们提供新的生产制造方式。

7. 材料利用效率极高

与传统的金属制造技术相比，3D打印机制造金属时产生较少的副产品。传统金属加工的浪费量惊人，约90%的金属原材料被丢弃在工厂车间里。3D打印制造金属时浪费量大大减少，一般约为5%的材料损耗。随着打印材料的进步，“近净成型”制造将成为更环保的加工方式。

8. 材料任意组合成型

对当今的普通CNC等加工机床而言，制作含有多种材料的零件是件难事，因为传统的制造机器在切割或模具成型过程中不能轻易地将多种原材料融合在一起。随着多材料3D打印技术的发展，多种不同原材料有机地融合在一起将可以实现。以前无法混合的原料混合后将形成新的材料，最终制造出具有独特属性或功能的产品零件。

9. 精确的产品零件复制

未来，3D打印可以像复制数字音乐文件而不降低音频质量一样，将数字精度扩展到实体世界。扫描技术和3D打印技术将共同提高实体世界和数字世界之间形态转换的分辨率，实现实体世界的精确复制。

1. 什么是3D打印？

2. 简述3D打印工艺过程。

3. 与传统制造技术相比，3D打印的优势有哪些？

4. 3D打印工艺成型技术如何分类？主要成型技术有哪些？各有什么优缺点？

第 2 章　光固化成型

许多已知的液态光敏材料可在紫外线或其他如电子束、可见光或不可见光等的照射能量刺激下转变为固态聚合塑胶。光固化成型(stereo lithography,SL)技术正是基于光敏材料的这一特性,利用电脑三维图像结合紫外线固化塑胶与高能光束光源,实现三维物件的成型。成型时,紫外线光束在聚合物的液体表面逐层描绘物体,被照射到的表面形成固态并逐层固化,从而达到造型的目的。SL 技术是目前世界上研究最深入、技术最成熟、应用最广泛的实用化 3D 打印成型工艺。SL 技术的常用材料是热固性光敏树脂,主要用于制造各种模具、模型等。

2.1　概述

SL 技术可以上溯到 1977 年,美国的 Swainson 提出使用射线来引发材料相变,制造三维物体。遗憾的是,由于资金以及实际工程问题,该研究于 1980 年终止。后来,日本的 Kodama 提出通过分层照射光敏聚合物,产生三维物体的方法。Kodama 用来控制造型的方法是使用遮罩以及在横截面内移动光纤。真正实现 SL 技术并商业化的是美国的 Charles W. Hull。他于 1989 年获得专利,并推出了世界上第一台基于 SL 技术的商用 3D 打印机 SLA－250。

美国 3D Systems 公司是 SL 技术的开拓者,它对如何提高制件精度及激光诱导光敏树脂聚合的化学、物理过程进行了深入的研究,并提出了一些有效的制造方法。其制造的 SL 系统有多个商品系列,图 2－1 为 3D Systems 公司开发的 iPro™ 8000 MP 系统。

除了 3D Systems 公司的 ProJet 系列和 iPro 系列外,许多国家的公司、大学也开发了 SL 系统并商业化。如日本 CMET 公司的 SOUP 系列、D－MEC

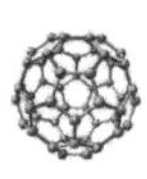

(JSR/Sony)公司的 SCS 系列和采用杜邦公司技术的 Teijin Seiki 公司的 Soliform 系列；在欧洲有德国 EOS 公司的 STEREOS 系列、Fockele & Schwarze 公司的 LMS 系列以及法国 Laser 3D 公司的 SPL 系列。

图 2-1　3D Systems 公司开发的 iPro™ 8000 MP

图 2-2　先临三维 iSLA-650

中国在 20 世纪 90 年代初即开始了 SL 技术的研究，经过近十余年的发展，取得了长足的进展，西安交通大学等高校对 SL 原理、工艺、应用技术等进行了深入的研究。目前，国内从事商品化 SL 设备研制的单位有多家。图 2-2 为国内先临三维开发的 iSLA-650 系统。目前国内外所有的 SL 设备在技术水平上已经相当接近，由于售后服务和价格的原因，国内企业在竞争时已经占据绝对优势。

SL 成型制件由于成型精度高，表面质量好，在工业生产中具有广泛的应用。该技术有其自身特点，其优缺点如下。

1. SL 成型工艺优点

(1) 成型过程自动化程度高。SL 系统非常稳定，加工开始后，成型过程可以完全自动化，直至原型制作完成。

(2) 尺寸精度高。SL 原型的尺寸精度可达到 ±0.1 mm 以内，有时甚至可达到 ±0.05 mm。

(3) 表面质量较好。虽然在每层固化时侧面及曲面可能出现台阶，但在原型制件的上表面仍可得到玻璃状的效果。

(4) 系统分辨率较高。能构建结构复杂、尺寸比较精细的工件。尤其对于内部结构十分复杂、一般切削刀具难以进入的模型，能轻松地一次成型。

(5) 可以直接制作面向熔模精密铸造的具有空中结构的消失模。

(6) 制作的原型可以在一定程度上替代塑料件。

2. SL成型工艺缺点

(1) 成型制件外形尺寸稳定性差。在成型过程中伴随着物理和化学变化，导致成型件较软、薄的部位易产生翘曲变形，这将极大地影响成型制件的整体尺寸精度。

(2) 需要设计模型的支撑结构。支撑结构需在成型零件未完全固化时手工去除，而此时容易破坏成型件的表面精度。

(3) SL设备运转及维护费用高。由于液态树脂材料和激光器的价格较高，并且为了使光学元件处于理想的工作状态，需要进行定期的调整，对空间环境要求严格，其费用也比较高。

(4) 可使用的材料种类较少。目前可用的材料主要为感光性的液态树脂，并且在大多数情况下，不能进行抗力和热量的测试。

(5) 液态树脂有一定的气味和毒性。平时需要避光保存，以防止提前发生聚合反应，选择时有局限性。

(6) 成型制件需要二次固化。在很多情况下，经SL系统光固化后的原型树脂并未完全被激光固化，为提高模型的使用性能和尺寸稳定性，通常需要二次固化。

(7) SL成型件不便进行机械加工。液态树脂固化后的性能尚不如常用的工业塑料件，强度较弱，一般不适合再进行机械加工。

2.2 SL成型过程

2.2.1 SL成型工艺

1. SL成型工艺加工方式

SL成型工艺的加工方式分为自由液面式和约束液面式。

自由液面式SL的成型过程如图2-3所示。液槽中盛满液态光敏树脂，一定波长的激光光束在控制系统的控制下根据零件的各分层截面信息在光敏树脂表面进行逐点扫描，使被扫描区域的树脂薄层产生光聚合反应而固化，形成零件的一个薄层。一层固化完毕后，工作台下移一个层厚的距离，以使在原先固化好的树脂表面再敷上一层新的液态树脂，刮板随后迅速将树脂液面刮平，然后进行下一层的扫描加工，新固化的一层牢固地黏结在前一层上，如此重复直至整个零件制造完毕，得到一个三维实体原型。

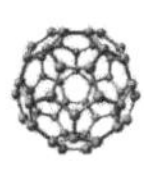

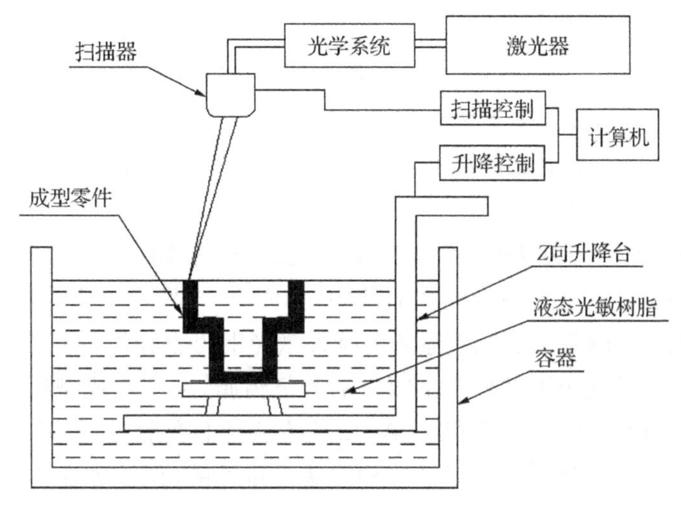

图 2－3　自由液面式 SL 成型过程

约束液面式 SL 的成型过程如图 2－4 所示。与自由液面式 SL 的成型过程相反,约束液面式的成型零件倒置于基板上。激光光束从液槽下方往上照射,最先成型的层片位于最上方,每层加工完之后,工作台向上移动一个层厚距离,液态树脂充盈于刚加工的层片与底板之间,光继续从下方照射,最后得到一个三维实体原型。

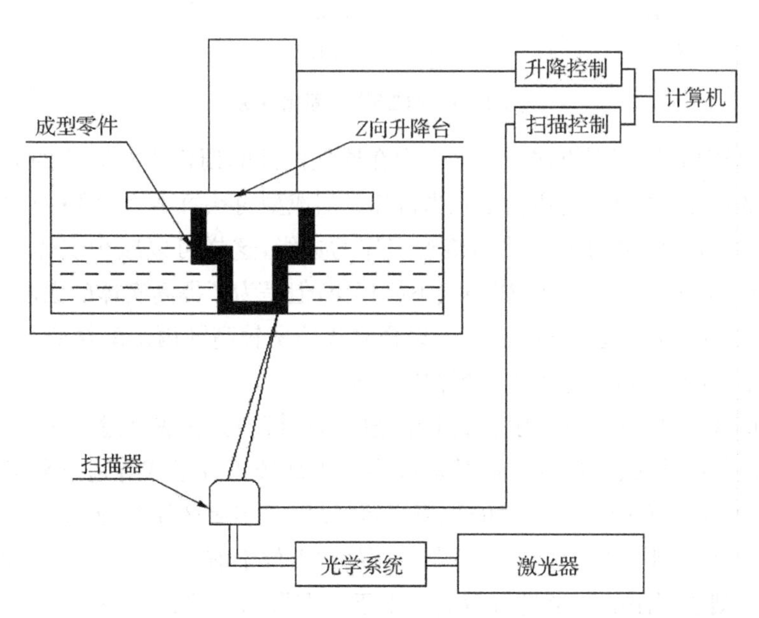

图 2－4　约束液面式 SL 成型过程

2. SL成型工艺固化方法

由于激光束的照射使得液态光敏树脂的聚合反应发生在液面的表面，其固化的区域可以用水平方向上的线宽和垂直方向上的已成型深度来表示。目前，激光束固化光敏树脂的3种常用方法是ACES™方法、STARWEAVE™方法和QuickCast™方法。

当采用ACES™方法时，实体的内部在激光束的作用下将完全固化。发生反应的光敏树脂相当于一半线宽的间距，如图2－5所示。由于间距都相等，所以所固化的树脂将受到同等累积的紫外激光束的照射并向下形成平直的表面。这种方法只适用于聚合时不收缩的环氧树脂，否则在成型时将会发生变形。和其他两种常用的方法相比，ACES™方法是低变形树脂材料固化成型中精度最高的。尽管其扫描时间是3种方法中最长的，但该方法广泛应用于高精度原型的制作。

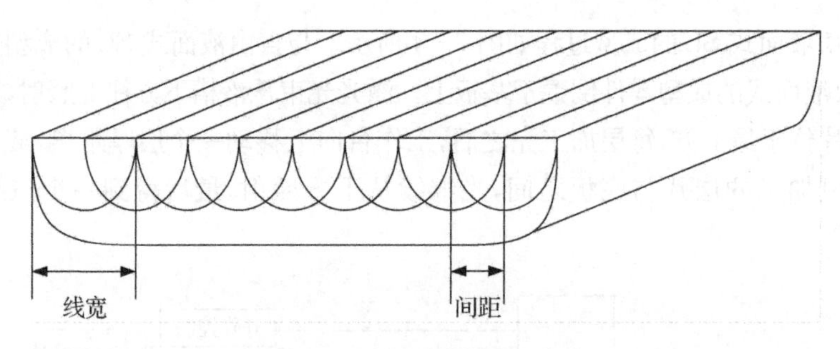

图2－5　ACES™光固化方法

STARWEAVE™方法依据一系列在原型内部的栅格为所固化的原型提供了较高的尺寸稳定性，这些栅格是当每隔一层成型时在每半个间距中产生的，如图2－6所示。栅格的末端并不接触实体的边缘，这样可以减少实体的整体变形。而且，为了使变形更小，栅格线不能相交；但是为了提高实体的强度，栅格线将尽可能地接近。这种方法适用于聚合时收缩率较高的丙烯酸树脂，同时由于它的扫描时间较短，也适用于环氧树脂材料。

QuickCast™方法主要用于制造中空的铸件模型。在成型过程中，每层的外轮廓在内部固化之前先被扫描，然后在实体内部按正方形或等边三角形路径扫描，它们在垂直方向上以一定的距离平行，以便于多余树脂的排出。如图2－7所示，三角形的平移应确保每个三角形面的顶点位于前一层三角形质心的上方，而正方形则按间距的一半进行偏离。由于正方形的内角比三角形大，树脂的月

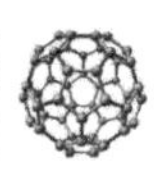

形液面更小，便于排出多余的树脂。因为 QuickCast™方法生成的原型具有较大的表面，且树脂又是吸湿性的，所以为了避免因吸湿而产生变形，原型应该尽可能快地移到可以控制湿度的地方。

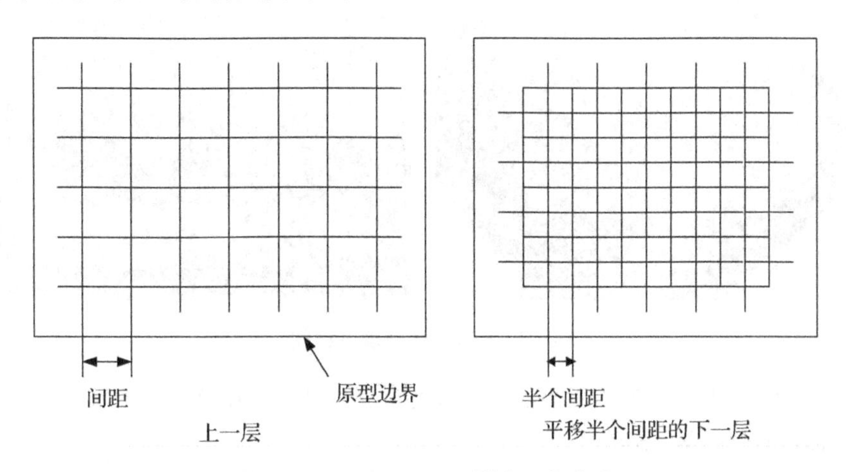

图 2－6　STARWEAVE™光固化方法

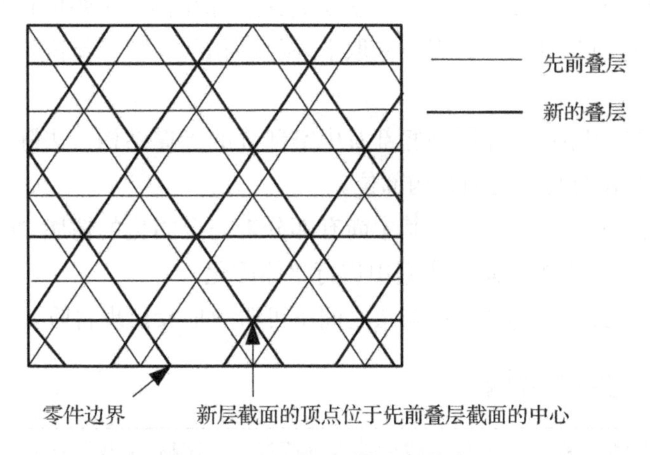

图 2－7　QuickCast™光固化方法

2.2.2　SL 后处理

SL 加工过程结束后，从工作台上取出的原型一般都沾有液态树脂，还可能存在部分未完全固化的树脂，模型中辅助的支撑结构也必须去除并进行修复。图 2－8 所示为对原型制件进行晾干与清洗。

图 2-8　SL 后处理过程图

一般情况下，SL 的后处理工序主要包括原型制件的清理、去除支撑、后固化以及必要的打磨等工作。

(1) 原型制件成型后，工作台升出液面，需停留 5～10 分钟后再取下原型制作，以晾干滞留在原型表面的树脂和去除包裹在原型内部多余的树脂。

(2) 待原型晾干后，用铲刀将其取下，浸入丙酮、酒精等清洗液中，刷掉残留的气泡。

(3) 清洗完毕后，去除原型底部及中空部分的支撑结构。去除支撑时，注意不要刮伤原型表面及其精细结构部位。

(4) 对于尺寸较大的原型，其中尚有部分未完全固化的树脂，将原型制件再一次进行清洗，然后置于紫外烘箱中进行整体固化。

(5) 原型是逐层硬化的，层与层之间不可避免地会出现台阶，必须去除。

2.2.3　支撑结构

在 SL 成型过程中，由于未被激光束照射的部分材料仍为液态，这不能使制件截面上的孤立轮廓和悬臂轮廓定位，因此对于这样的结构，必须施加支撑。支撑结构除了确保原型的每一结构部分都能可靠固定之外，还有助于减少原型在制作过程中发生的翘曲变形。常用的支撑结构设计方法有两种：一种方法是根据 STL 数据模型直接设计支撑，输出 STL 的支撑文件，再与零件 STL 模型合并，进行分层处理；另一种方法是在分层截面轮廓上设计支撑结构，此支撑结构的设计需要在计算机上单独生成。目前，比较常用的支撑为点支撑和面支撑，即

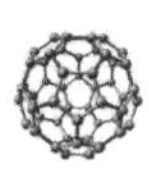

在支撑与需要支撑的模型面是点接触或面接触。一些常见的支撑结构如图 2－9 所示。斜支撑，主要用于支撑悬臂结构部分；直支撑，主要用于支撑腿部结构；腹板，主要用于大面积的内部支撑；十字壁板，主要用于孤立结构部分的支撑。

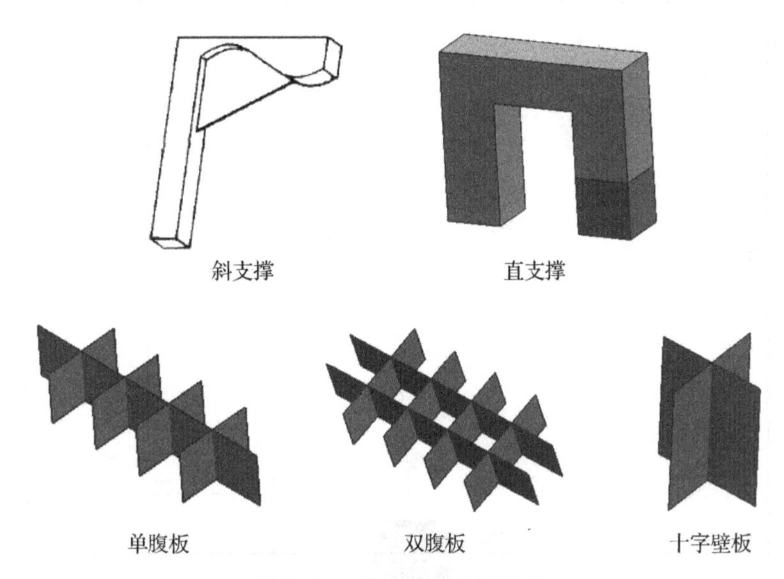

图 2－9　SL 常用的支撑结构

2.3　SL 系统组成

SL 系统的组成一般包括：光源系统、光学扫描系统、托板升降系统、涂覆刮平系统、液面及温度控制系统、控光快门系统等。图 2－10 所示为采用振镜扫描式的 SL 系统示意图。成型光束通过振镜偏转可进行 $X-Y$ 二维平面内的扫描运动，工作台可沿 Z 轴升降。控制系统根据各分层截面信息控制振镜按设定的路径逐点扫描，同时控制光阑与快门使一次聚焦后的紫外光进入光纤，在成型头经过二次聚焦后照射在树脂液面上进行点固化，一层固化完成后，控制 Z 轴下降一个层厚的距离，固化新的一层树脂，如此重复直至整个零件制造完毕。

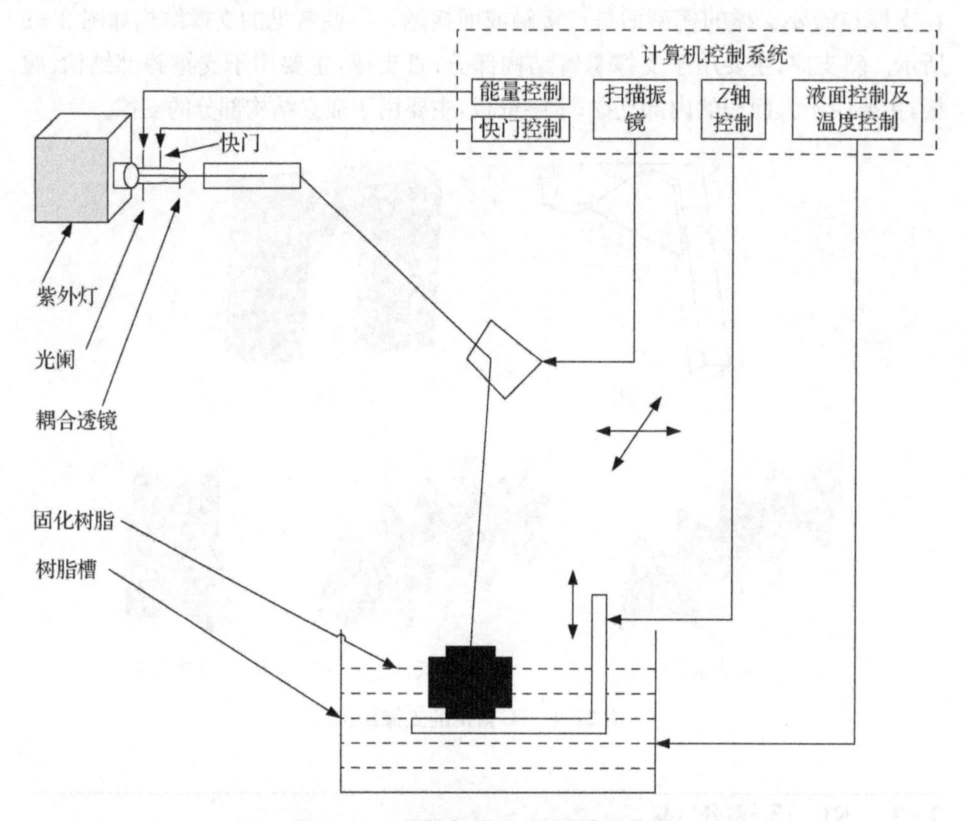

图 2－10　振镜扫描式 SL 系统示意图

2.3.1　光源系统

当光源的光谱能量分布与光敏树脂吸收谱线相一致时，组成树脂的有机高分子吸收紫外线，引起分解、交联和聚合，其物理或化学性质发生变化。由光固化的物理机理可知，光源的选择主要取决于光敏剂对不同频率的光子的吸收。由于大部分光敏剂在紫外区的光吸收系数较大，使用很低的光能量密度就可使树脂固化，所以一般都采用输出在紫外波段的光源。目前 SL 工艺所用的光源主要是激光器，可分为 3 类：气体激光器、固体激光器和半导体激光器。另外，也有采用普通紫外灯作为 SL 光源的。

1. 气体激光器

(1) He－Cd 激光器

He－Cd 激光器紫外线固化树脂能量效率高，温升较低；树脂的光吸收系数

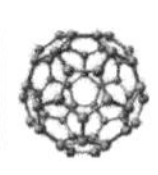

不易提高，输出光噪音成分占 10%，且低频的热成分较多。因此其固化分辨率较低，一般水平方向不小于 10 μm，垂直方向不小于 30 μm；输出功率通常为 15～50 mW，输出波长为325 nm，激光器寿命为 2 000 h。

(2) Ar^+激光器

Ar^+激光器树脂的吸收系数可通过掺入染料等方法得到大幅度提高，激光器噪音小于 1%，因此固化分辨率较高，水平方向可达 2 μm，垂直方向 10 μm，全方位 5～10 μm；能量转化效率较低，激光器功率较大，曝光时间较长，发热量较大；输出功率为 100～500 mW，输出波长为 351～365 nm。

(3) N_2激光器

N_2激光器工作物质是氮气，采用气体放电激发的原理，放电类型为辉光放电，氮分子激光器增益高，粒子数反转持续时间短，因此，无须谐振腔反馈，其输出光为放大的自发辐射。输出功率为 0.1～500 mW，输出波长为 337.1 nm，使用寿命长达数万小时。

2. 固体激光器

一般 SL 所用的固体激光器输出波长为 355 nm，具有如下优点：输出功率高，可达 500 mW 或更高；寿命长，保用寿命为 5 000 h，实际寿命更长，且更换激光二极管(Laser Diode)后可继续使用。相对 He－Cd 激光器而言，更换激光二极管的费用比更换气体激光管的费用要少得多；光斑模式好，利于聚焦。采用固体激光器的成型机扫描速度高，通常可达 5 m/s 或更高。

3. 半导体激光器

半导体激光器是以半导体材料为工作介质的激光器。和其他类型的激光器相比，半导体激光器具有体积小、寿命长、驱动方式简单、能耗小等优点。

半导体激光器根据最终所输出光线形状的不同，可分为点激光器、线激光器和栅激光器。其中，点激光器扫描速度慢，但精度高；栅激光器扫描速度快，但精度低；线激光器介于两者之间，是目前应用较广的一种半导体激光器。

半导体激光器根据其输出波长，又可分为可见光半导体激光器和紫外半导体激光器。可见光半导体激光器在制作零件方面，同气体激光器和固体激光器相比，还存在着诸如树脂材料性能差、固化效率低等缺点。目前尚无可以实用化的、应用于快速成型的紫外半导体激光器。

选择哪种类型的激光器，主要根据固化的光波波长、输出功率、工作状态及价格等因素来确定。目前可用于 SL 设备的光源在表 2－1 中做了简单的比较。

表 2-1 几种紫外光源的性能比较

光源	性能					
	波长/nm	功率/mW	寿命/h	工作状态	光束质量	运行成本
He-Cd激光器	325	15～50	2 000	多模CW	高	较高
Ar^+激光器	351～365	100～500	2 000	多模CW	高	较高
Nd:YVO_4	266	100～1 000	>5 000	单模CW	高	稍高
紫外汞灯	300～400	4 000*	>1 000	CW	稍差	极低
N_2激光器	337.1	0.1～500	>10 000	脉冲	高	较高
可见光半导体激光器	488,532	15～200	>10 000	CW	高	极低

* 指灯输出的光功率密度，单位是 mW/cm^2，CW代表连续波。

4. 普通紫外灯

普通紫外光源有氘灯、氢弧灯、汞灯、氙灯和汞氙灯等。

氘灯、氢弧灯都是点光源，作为一种热阴极弧光放电灯，泡壳内充有高纯度气体，外壳由紫外透过率高、光洁度好的石英玻璃制成。工作时先加热灯丝，产生电子发射，使原子电离，当阳极加上高压后立即激发，可从阳极小圆孔中(ϕ1 mm)辐射出连续紫外光谱(185～400 nm)。当灯内充的气体是重氢(氘)时，称为氘灯；灯内充的气体是氢时，称为氢弧灯。两种灯相比较，氘灯的发光效率高于氢弧灯(在相同的电功率下)，寿命都在500 h左右。氘灯的外形及紫外光谱同氢弧灯一样，在190～350 nm区域发射连续光谱，但是，其输出光功率较低。

汞灯有高压汞灯和低压汞灯之分。高压汞灯多为球状，其体积小、亮度高，具有从210 nm开始的辐射光谱，但在远紫外区域有效能量弱，因此作为实用的远紫外光源尚需进一步研制。低压汞灯多为棒状，是利用低压汞蒸气(0.133～1.333 Pa)放电时产生253.7 nm的紫外光源，它的辐射能量非常集中，当汞蒸气压为0.8 Pa时，253.7 nm的紫外辐射能量最大，约占输入电功率的60%。但低压汞灯的功率通常较小，一般不超过100 W，外壳越长，功率越高；但极间距大，不是点光源，限制了它在远紫外曝光中的应用。

氙灯的光谱接近于太阳光谱，热辐射大，远紫外辐射只有百分之几，因而作为光固化快速成型的紫外光源也是不可取的。

汞氙灯是利用氙气作为基本气体，并充入适量的汞制成的球形弧光放电灯。

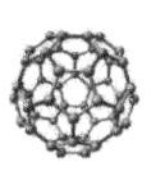

由于汞的引入，它既具有氙灯即开即亮的优点，还具有汞灯有较高发光效率和节电的优点，因而是一种体积小、亮度高的球形点光源。它能产生从 210 nm 开始的近似连续辐射，且在远紫外(200～300 nm)范围内具有很强的能量辐射，输出电功率为 350～2 000 W。

远紫外汞氙灯如图 2－11(a)所示，含有的光谱非常丰富，如图 2－11(b)所示，其不仅含有可固化树脂的紫外能量，而且含有大量的可见光和红外线。这些杂光，在一定程度上会影响系统的正常工作。可见光会造成零件表面粗糙、边界不清晰等缺陷，从而影响固化零件的质量。红外线具有致热效应，如在焦点上红外线能量全部聚集起来的话，其热量是相当高的，温度将高达数百摄氏度。而在焦点处耦合用的光纤最高耐热也只有 100 ℃左右，所以红外线的热量会使光纤断裂，致使系统无法正常工作。

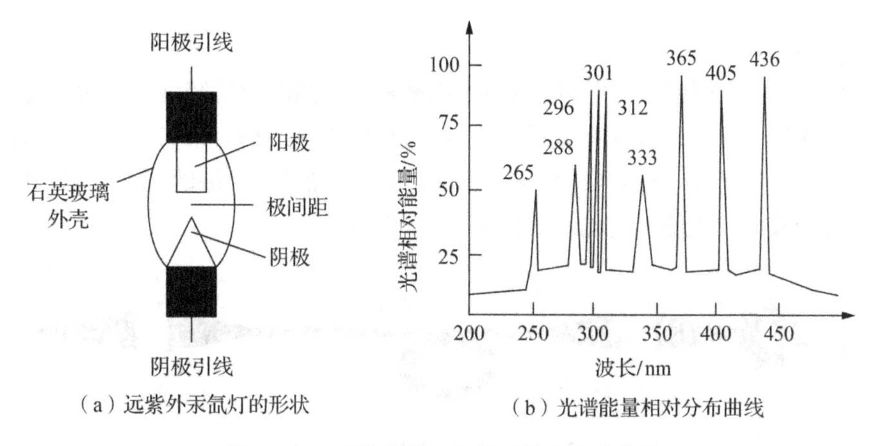

（a）远紫外汞氙灯的形状　　（b）光谱能量相对分布曲线

图 2－11　远紫外汞氙灯的形状和光谱曲线

一般采用冷光介质膜技术克服上述问题，即在聚光反射表面镀一层或几层一定厚度的某种介质膜，该介质膜具有较强的紫外反射特性，而对红外光和可见光的反射能力很弱，致使反射罩具有较强的紫外波段反射能力。在紫外波段(250～350 nm)，其平均反射率在 90%左右，而在其他波段，其透过率大于 80%，其反射特性曲线如图 2－12 所示。

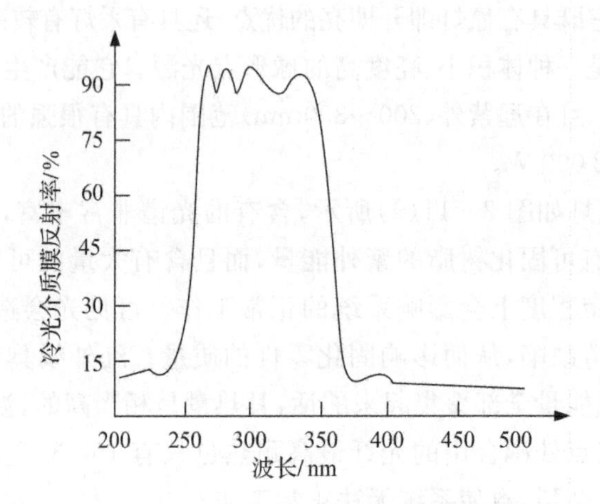

图 2-12　冷光介质膜反射曲线

5. 聚焦系统

SL技术要求传输至树脂液面的光能量具有较高的能量密度。通常，采用反射罩实现反光聚焦以提高光能量密度：经光纤输入端的耦合聚焦系统聚焦，进一步提高光能量密度；再由光纤传输，将光能量传至光纤输出端的耦合聚焦系统聚焦至树脂液面。光能量传输示意图如图 2-13 所示。

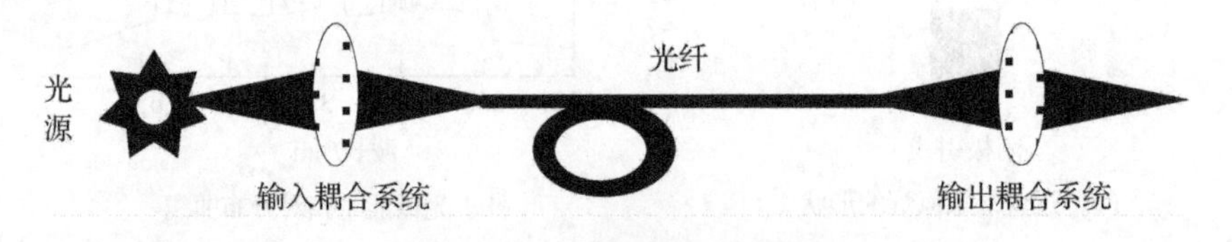

图 2-13　光能量传输示意图

集光系统有透镜集光、球面反射镜集光、抛物面反射镜集光及椭球面反射镜集光等。

经过集光的光能量，由于光源为非理想点源，且聚光罩本身也会产生一定的误差等方面的原因，并非呈一理想点源，而是一弥散圆斑(约为几个平方厘米)。为了进一步提高光能量密度，有必要再次将光能量聚焦耦合，然后由光纤传输。光纤输出是光束以充满光纤数值孔径角的形式射出，将这种形式的光能直接作用于光敏树脂，不满足成型要求，所以必须再次聚焦，以高能量密度、小光斑面积耦合至树脂液面，完成光能量输送，实现树脂的固化。

耦合聚焦系统包括输入耦合聚焦与输出耦合聚焦两部分。

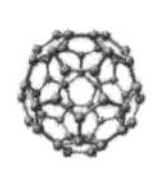

将能量点光斑耦合至光纤的输入端面系统的是光能量输入耦合系统，也即成像物镜系统。对于光能量输入耦合系统，当物镜的像方孔径角和光纤的数值孔径角相等时，轴上像点的光能量能全部进入光纤中传输，但由于点光斑是有一定尺寸的，即存在轴外像点，而轴外像点光束的主光线与光纤输入端面的法线有一个不为零的夹角，使得光束的一部分光线的入射角大于光纤的数值孔径角，这样，这部分光能量不能通过光纤，这相当于几何光学中的挡光，而且随着物镜视场角的增大，轴外像点的挡光将增多，通过光纤的光能量将减小。为克服这种缺陷，光纤光学系统的光能量输入耦合系统应设计成像方远心系统。由于像方远心系统的孔径光阑位于物镜前焦面处，使得物镜的像方主光线平行于其光轴，因此，轴外像点与轴上像点一样，均正入射于光纤的输入端面，即都能通过光纤来传输，不存在拦光现象。

要想使点光斑的能量经光纤柔性传输最后耦合聚焦于光敏树脂液面，必须在光纤输出端设置输出耦合系统(或称目镜系统)。耦合至光纤输入端的光束，无论是轴上像点还是轴外像点，其光线的入射角均不能大于光纤的数值孔径角，同时，入射到光纤输入端的光束，无论是会聚光束还是平行光束，无论是正入射还是斜入射，经一定长度的光纤传输后，其在输出端一般为正出射的发散光束，且发散光线充满光纤的数值孔径角。因此，光纤的输出耦合系统，不能把光纤输出端的像作为自发光物体，而应严格考虑其光束的前后衔接，如同几何光学系统中的两个成像系统的衔接一样，即前一光学系统的出瞳应和后一光学系统的入瞳重合，把光纤的输出端面当作两个成像系统的中间像面位置，根据光纤输出的光束结构特性，犹如前方成像系统为像方远心光路。为了保证光瞳的衔接，光纤输出端的耦合光学系统应设计成物方远心光路。

2.3.2　光学扫描系统

SL 的光学扫描系统有数控 $X-Y$ 导轨式扫描系统和振镜式激光扫描系统两种，如图 2-14 所示。数控 $X-Y$ 导轨式扫描系统实质上是一个在计算机控制下的二维运动工作台，它带动光纤和聚焦透镜完成零件的二维扫描成型。该系统在 $X-Y$ 平面内的动作由步进电机驱动高精密同步带实现(由电机作用于丝杠驱动扫描头)。数控 $X-Y$ 导轨式扫描系统具有结构简单、成本低、定位精度高的特点，二维导轨由计算机控制在 $X-Y$ 平面内实现扫描，它既可以使焦点做直线运动，又可以实现小视场、小相对孔径的条件，简化了物镜设计，但该系统扫

描速度相对较慢，在高端设备应用中，已逐渐被振镜扫描系统所取代。

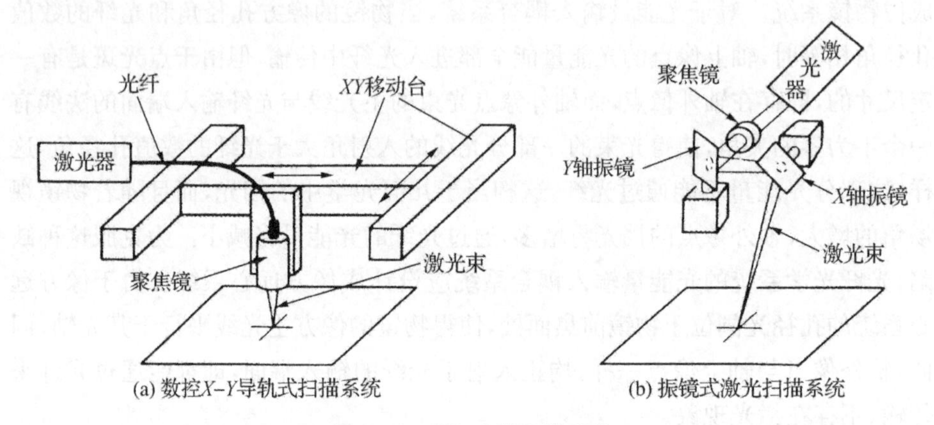

(a) 数控X-Y导轨式扫描系统　　(b) 振镜式激光扫描系统

图 2-14　SL 光学扫描系统

振镜扫描器常见于高精度大型快速成型系统，如美国 3D Systems 公司的 SL 产品多用这种扫描器。这种扫描器是一种低惯量扫描器，主要用于激光扫描场合(激光刻字、刻线、照排、舞台艺术等)，其原理是用具有低转动惯量的转子带动反射镜偏转光束。振镜扫描器能产生稳定状态的偏转，实现高保真度的正弦扫描以及非正弦的锯齿、三角或任意形式扫描。这种扫描器一般和 $f-\theta$ 聚焦镜配合使用，在大视场范围内进行扫描。振镜扫描器具有低惯量、速度快、动态特性好的优点，但是它的结构复杂，对光路要求高，调整麻烦，价格较高。

振镜式激光扫描系统主要由执行电机、反射镜片、聚焦系统以及控制系统组成。执行电机为检流计式有限转角电机，其机械偏转角一般在 $\pm 20°$ 以内，反射镜片黏结在电机的转轴上，通过执行电机的旋转带动反射镜片的偏转来实现激光束的偏转，其辅助的聚焦系统有静态聚焦方式和动态聚焦方式两种，根据实际聚焦工作面的大小选择不同的聚焦系统。静态聚焦方式又有振镜前聚焦方式的静态聚焦和振镜后聚焦方式的 $f-\theta$ 透镜聚焦；动态聚焦方式需要辅以一个 Z 轴执行电机，并通过一定的机械结构将执行电机的旋转运动转变为聚焦透镜的直线运动来实现动态调焦，同时加入特定的物镜组来实现工作面上聚焦光斑的调节。动态聚焦方式相对于静态聚焦方式要复杂得多，如图 2-15 所示，此为采用动态聚焦方式的振镜式激光扫描系统，激光器发射的激光束经过扩束镜之后，得到均匀的平行光束，然后通过动态聚焦方式的聚焦以及物镜组的光学放大后依次投射到 X 轴和 Y 轴振镜上，最后经过两个振镜，二次反射到工作台面上，形成

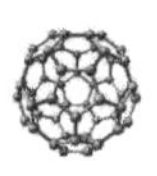

扫描平面上的扫描点。可以通过控制振镜式激光扫描系统中镜片的相互协调偏转以及动态聚焦的动态调焦来实现工作平面上任意复杂图形的扫描。

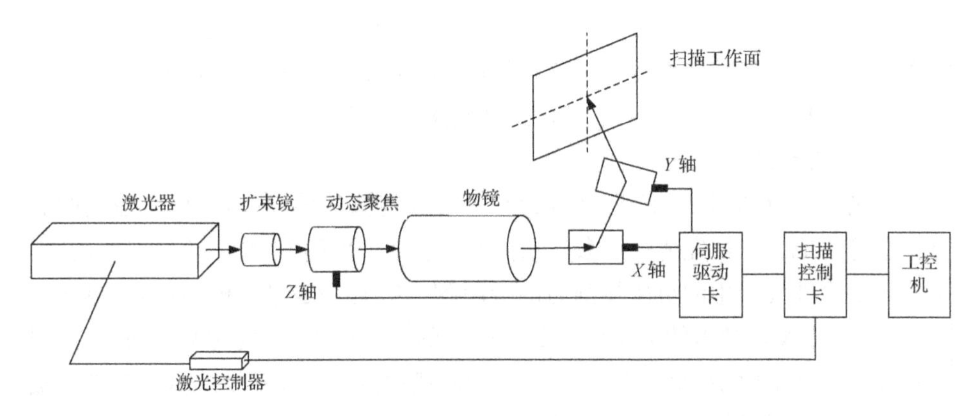

图 2－15　振镜式激光扫描系统示意图

2.3.3　托板升降系统

托板升降系统如图 2－16 所示，其功能是完成零件支撑及在 Z 轴方向运动，它与涂覆刮平系统相配合，就可实现待加工层树脂的涂覆。托板升降系统采用步进电机驱动、精密滚珠丝杠传导及精密导轨导向的结构。制造零件时托板经常做下降、上升运动，为了减少运动对液面的搅动，可在托板上布置蜂窝状排列的小孔。

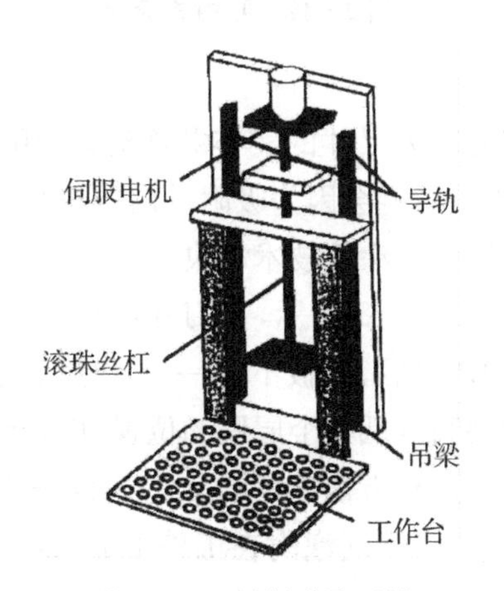

图 2－16　托板升降系统

2.3.4 涂覆刮平系统

在有些SL设备中常设有涂覆刮平系统，用于完成对树脂液面的涂覆作用。涂覆刮平运动可以使液面尽快流平，进而提高涂覆效率并缩短成型时间。现在常用的涂覆机构主要有吸附式、浸没式和吸附浸没式3种。

1. 吸附式涂覆

吸附式涂覆如图2-17所示，由刮刀(有吸附槽和前、后刃)、压力控制阀和真空泵等组成。工件完成一层激光扫描后，电机带动托板下降一个层厚的高度，由于真空泵抽气产生的负压使刮刀的吸附槽内吸有一定量的树脂，刮刀沿水平方向运动，将吸附槽内的树脂涂覆到已固化的工件层面上，同时刮刀的前、后刃修平高出的多余树脂，使液面平整，刮刀吸附槽内的负压还能消除由于工件托板移动在树脂中形成的气泡。此机构比较适合于断面尺寸较小的固化层面，但如果设置适当的刮刀移动速度，它也可使较大的区域得到精确涂覆。

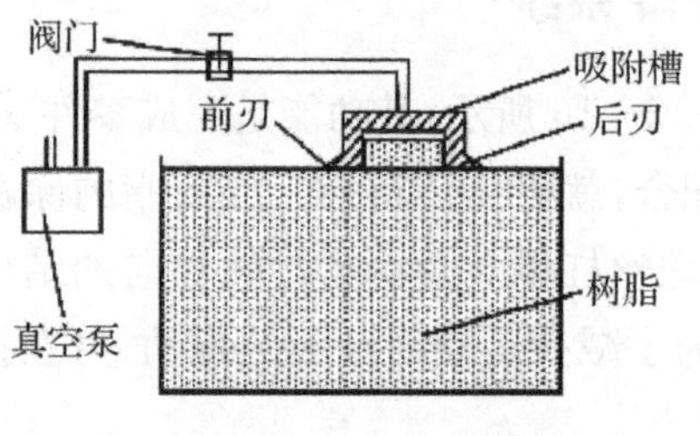

图2-17 吸附式涂覆

2. 浸没式涂覆

当被加工的工件具有较大尺寸的实体断面时，采用上述吸附式涂覆机构很难保证涂覆质量，有些地方可能会因为吸附槽内的树脂材料不够，出现涂不满现象。这种情况必须通过浸没式涂覆技术解决。

浸没式涂覆过程如图2-18所示，刮刀在结构上只有前、后刃而没有吸附槽，当工件完成一层的扫描之后，托板下降一个比较大的高度(大于几个层厚)，然后再上升到比最佳液面高度低一个层厚的位置，接着刮刀做来回运动，将表面多余的树脂和气泡刮走。此种方法能将较大的工件表面刮平，但刮走后的气泡仍留在树脂槽中，较难消失。若气泡附在工件上面，则可能导致工件出现气孔，影响质量。

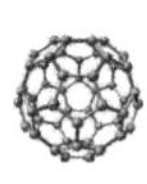

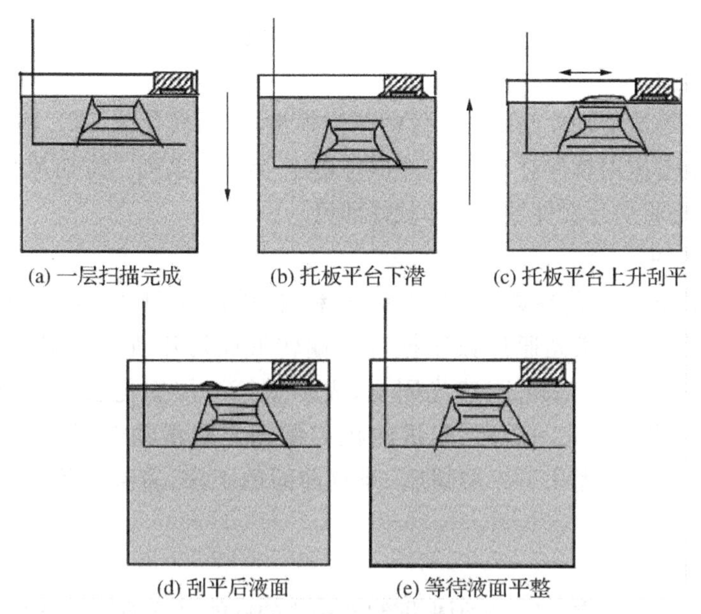

(a) 一层扫描完成　(b) 托板平台下潜　(c) 托板平台上升刮平

(d) 刮平后液面　(e) 等待液面平整

图 2－18　浸没式涂覆过程

3. 吸附浸没式涂覆

此机构综合了吸附式和浸没式的优点，同时增加了水平调节机构。它主要由真空机构、刮刀水平调节机构、运动机构和刮刀组成。真空机构通过调节阀控制负压值来控制刮刀吸附槽内的树脂液面的高度，保证吸附槽里有一定量的树脂；刮刀水平调节机构主要用于调节刮刀刀口的水平。由于液面在激光扫描时必须是水平的，因此，刮刀的刀口也必须与液面平行。工作时，刮刀的吸附槽里由于存在负压，会一直有一定量的树脂。当完成一层扫描后，升降托板带动工件下降几个层厚的高度，然后再上升到比液面低一个层厚的位置，接着电机带动刮刀做来回运动，将液面多余的树脂和气泡刮走，激光就可以进行下一次的扫描了。通过这种技术能明显地提高工件的表面质量和精度。

2.4　SL 系统控制技术

2.4.1　基本原理及工作过程

本书主要以振镜扫描式 SL 系统为例，介绍 SL 系统的控制技术。SL 的工作流程如图 2－19 所示，分前处理、处理中和后处理三部分。

1. 前处理

采用三维造型软件设计出零件的三维模型，然后转化成 STL 格式模型，再利用快速成型应用软件对 STL 文件进行切片，生成一系列二维切片文件。加工产品时，只需将切片文件导入打印软件即可。

2. 处理中

先设置好各工艺参数，如激光束功率、扫描速度和液态树脂温度等，再开启激光发生器，激光通过数字振镜的偏转形成切片轨迹照射加工区域的光敏树脂表层，使光敏树脂感光固化，先形成第一层固化层，并固结在制件固定板上。当固化完一层后，步进电机控制固定板滑动装置上升一个层片的距离，继续加工固化下一层树脂，重复前面的工序，直到三维 CAD 模型加工完成。

3. 后处理

三维模型制备完成后，必须根据制件相应的性能要求进行后处理，主要包括表面硬化处理、打磨和表面着色等。

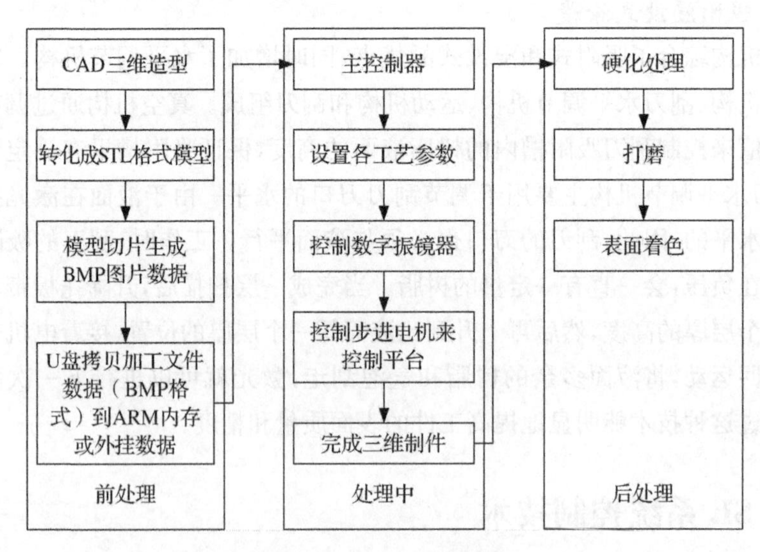

图 2－19　SL 工作流程图

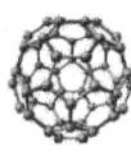

2.4.2　SL 控制系统硬件

控制硬件系统是 SL 系统中的一个重要组成部分，用以完成人机交互、数据处理、运动控制和成型过程控制等功能，是一个较复杂的机电控制系统，因此在 SL 控制硬件系统设计时需要统筹规划、综合考虑。根据控制硬件结构的不同，目前商品化的 3D 打印主要有两种控制模式：上下位机控制模式和单机控制模式。

上下位机控制模式是由两台计算机分工协作，共同完成快速成型设备所需的控制功能。上位机一般是由一台高性能的计算机构成，由其承担编译、解释、人机交互和数据处理等非实时性任务；下位机一般是由一台性能相对较低的计算机构成，由其完成内存访问、中断服务、设备的运动控制和成型过程控制等实时性要求较高、与硬件设备相关联的控制。两台计算机通过网络进行数据的传递。上下位机控制模式的优点是：① 采用的是并行处理机制，两台计算机分别执行不同的任务，分工明确，互不干涉；② 控制系统的硬件结构清晰，两台计算机相对独立，控制硬件系统的设计可以进行分工合作，同时进行。上下位机控制模式的缺点是：控制硬件系统的结构较复杂，设备的硬件成本较高。

单机控制模式是由一台高性能的计算机集中控制，统一完成人机交互、数据处理、运动控制和成型过程控制等所有功能。单机控制模式的优点是：① 控制系统的绝大多数功能都是通过软件来实现，可以简化设备驱动装置的硬件结构，因此设备硬件成本较低；② 由于控制的绝大部分工作由软件完成，通过在软件设计中考虑兼容性的问题，就可以实现良好的兼容性；③ 硬件结构比上下位机控制模式简单，系统可靠性相对较高。单机控制模式的缺点是软件的设计相对比较复杂。

本书介绍的 SL 系统数据处理部分采用离线生成方式，即在成型加工之前已经通过数据处理软件得到了全部切片层的实体位图数据和支撑位图数据，在成型加工过程中计算机控制系统并不需要进行复杂的数据计算和处理工作，而只需要完成层面位图数据的读取和显示任务。此外，SL 系统中的运动控制也相对比较简单，采用集成化的运动控制系统。随着计算机技术的飞速发展，普通的 PC 机就已经具备了足够的处理能力，因此采用单机控制模式完全可以满足 SL 系统成型加工的需要。

激光束的功率控制、振镜的偏转控制以及材料盒中的液位控制都采用独立的控制模块自主控制，在SL的成型加工过程中，计算机控制系统只需要对它们的状态进行监测，以便在它们出现故障时，控制系统发出报警信息。在SL系统中，Z轴的运动通过一块运动控制卡进行控制，扫描振镜控制由一块专用的控制卡来实现，对自主控制模块部分的监测和激光束光闸的控制则用一块多功能数据采集卡来完成，三块控制卡通过插接板直接插入控制计算机的扩展槽中，通过总线与控制计算机进行信息传输。SL系统的控制硬件系统结构如图2-20所示。

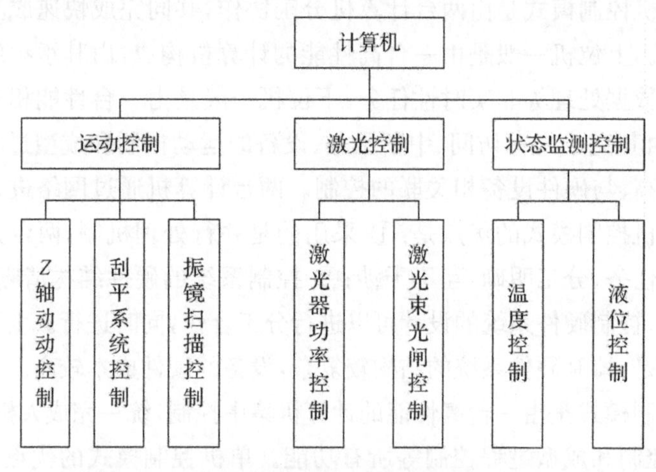

图2-20　控制硬件系统结构

1. 液位控制系统

加工过程中工件托板支架的上下移动和取出工件后会令树脂槽里的树脂液面变化，造成树脂液面不在激光扫描的最佳工作高度，进而影响工件的成型尺寸和精度。常用以下3种机构让工作液面一直保持在最佳的高度。

(1) 溢流式

溢流式液面控制如图2-21所示，整机工作时树脂泵也会一直工作，将小树脂槽中的树脂抽到大树脂槽中，当大树脂槽的液面高度高过溢流口时，树脂就会从溢流口流回小树脂槽，这样就能始终保证大树脂槽的高度不变，此种方式会带来比较多的气泡，同时树脂黏度较大，难以抽到大树脂槽中，现较少采用。

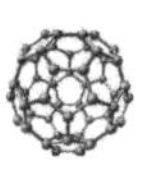

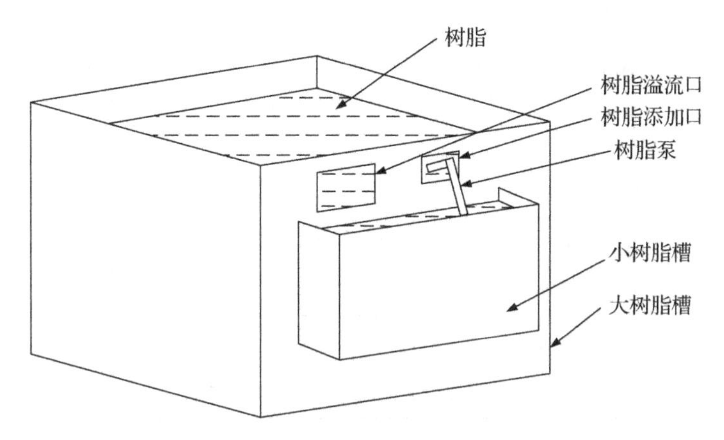

图 2－21　溢流式液面控制图

(2) 填充式

填充式液面控制如图 2－22 所示，通过控制可升降填充物的升降来控制液面的高低，此方式原理简单，但由于填充物体积有限，当填充物下降到最低点时，需要通过手工向树脂槽里添加树脂，才能让填充物回到正常工作点，因此，此方式比较麻烦。

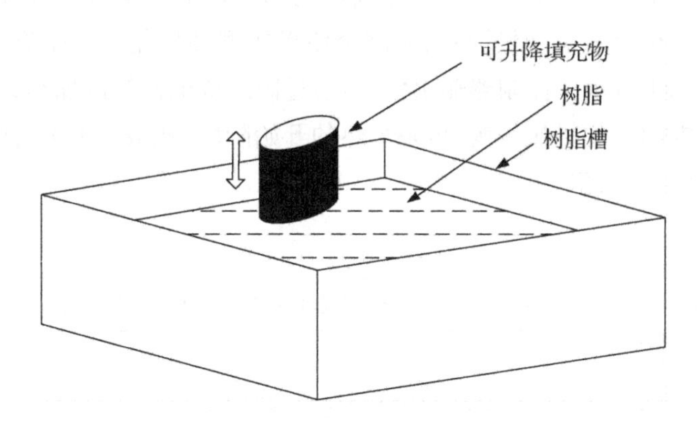

图 2－22　填充式液面控制图

(3) 整体升降式

整体升降式液面控制如图 2－23 所示，工作时，液面传感器实时检测液面的高度，当高度出现变化时，通过计算机计算出需要上升(或下降)的高度并启动电机带动升降机来调节液面高度。此方式简单可行，并能轻松更换树脂和树脂槽，清洗方便，因此现大多采用此方式。

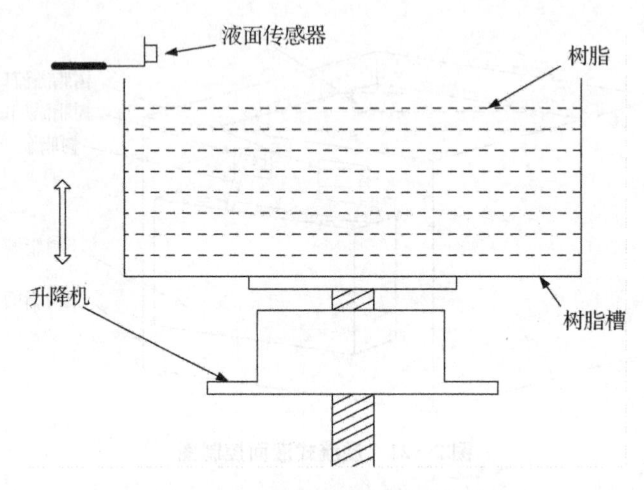

图 2-23 整体升降式液面控制图

2. 温度控制系统

树脂的黏度和体积受温度影响较大,为保持液面的稳定及改善刮平时树脂的流平特性(温度越高,树脂黏度越小,流平特性越好),希望树脂温度尽可能高且恒定。而光聚合反应的特点之一是反应的温度适应范围宽,所以温度的设定基本不影响光聚合反应,但过高的温度会使得成型件软化。树脂温度控制系统结构见图 2-24 所示。控制器输出信号,通过固态继电器控制加热元件的通断。为使树脂槽内的温度尽快均衡,可在加热的开始阶段,托板做上下升降运动搅拌树脂,以提高加热效率。

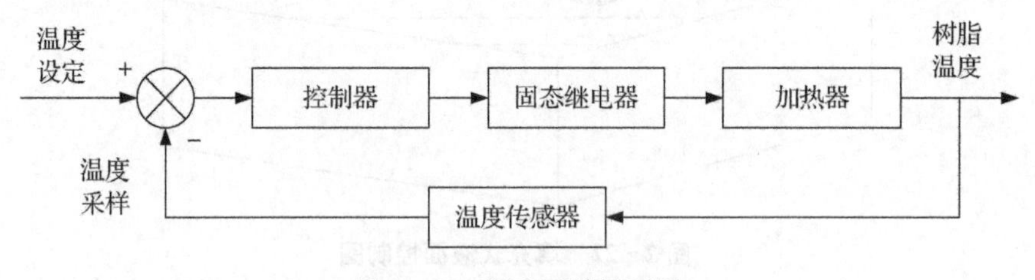

图 2-24 温度系统控制图

3. 激光控制系统

在扫描固化成型每一条线(基本固化单位)的过程中,扫描光点并非匀速运动,而是由加速、匀速及减速三种运动构成一条线的扫描过程,即开始扫描时,光点聚焦系统在驱动系统的作用下,由静止状态很快加速到某一速度值,然后以此

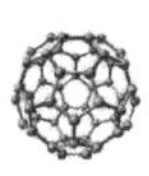

速度匀速扫描，将至扫描线末端时，扫描光点必须迅速减速至零，如图 2-25 所示，再进行下一条相邻线的扫描。这样的过程，使得成型的固化线条不是一定线径的理想微细柱状体，而是两端粗、中间细的硬化实体，如图 2-26 所示。由这样的硬化单位累积、黏结而形成构造物时，势必对构造物的成型尺寸精度及翘曲变形等带来较大影响。

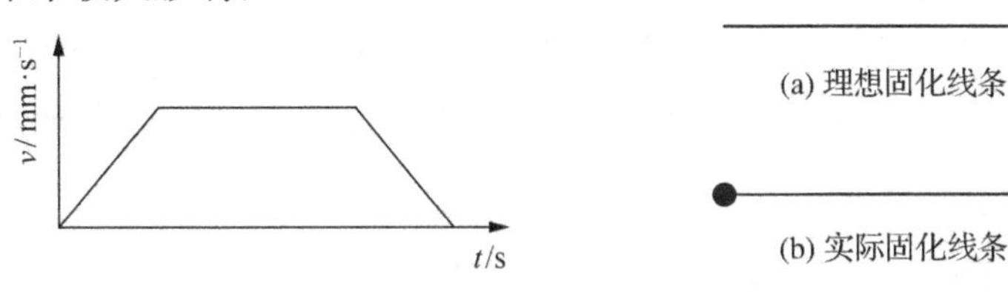

图 2-25 扫描机构的速度曲线　　图 2-26 固化矢量形状

非匀速扫描时，扫描成型有以下特征：① 在离轴距离一定的直线上，其曝光时间是不同的，从而导致了曝光量的差异，所以固化深度和固化线宽是不均匀的；② 曝光时间及曝光量仍是树脂微元位置的函数，并与加速度的平方根成反比；③ 在 $x=D$ 位置的树脂微元 dS，其曝光时间最长，如图 2-27 所示，因而固化深度最深且线宽最宽。由于上述特征，扫描固化线条呈现非均匀性，这样的固化线条黏结叠加，势必对成型件的精度产生影响，因此，采取一定的措施，消除这种不均匀性，对于改善成型质量及完善成型动作等，是有意义的。

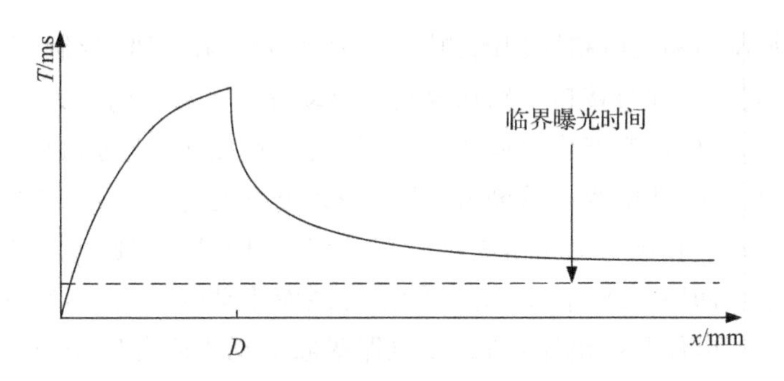

图 2-27 x 轴上树脂微元 dS 曝光时间曲线

使扫描固化线条均匀一致的根本措施，是对曝光能量进行有效控制，进而达到扫描线条均匀曝光。一种办法是使光能量时时改变，使光能量随时间变化的曲线与扫描线的曝光时间曲线相互作用，最终达到均匀曝光的目的；另一种办法是设计实现控制扫描光束能量供给的控光快门装置，即在扫描过程的加速及减速段，控光快门控制光束不作用于光敏树脂，使扫描固化线条趋于理想化，进而使成型单位和成型过程趋于理想化。

控光快门装置如图 2-28 所示。按功能可分为三个部分：① 机—电能量转换部分，包括线圈架、电磁线圈、铁芯和衔铁。其中，电磁线圈通过导线与控制及驱动电路相连构成电路系统，电磁线圈的电阻、电感、匝数、绕线方式和外形尺寸对能量转换的效率及磁场的建立有非常大的影响。② 磁路封闭系统包括线圈构成的磁场、线圈内的铁芯、衔铁及支座。其中衔铁与铁芯气隙的调整对快门的功能影响很大。③ 衔铁复位系统包括复位弹簧和弹簧支撑座。

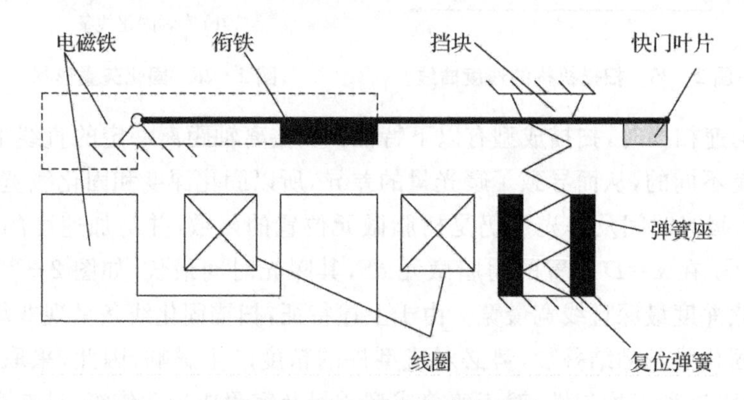

图 2-28　控光快门装置示意图

快门控制与驱动电路原理图如图 2-29 所示。在 CPU 控制下，快门动作的数字电压信息，通过接口电路送至线圈驱动管。当数字电压为高电平时，线圈驱动管导通，电磁铁产生电磁力，推动快门执行挡光（或通光）动作；当数字电压为低电平时，线圈驱动管断开，线圈中无电流流过，快门在复位弹簧的弹力作用下复位。在数字电压由高电平切换到低电平后，线圈中的能量必须通过相应的泄放回路释放，否则，有可能击穿线圈驱动管。为此，驱动控制电路中设计了浪涌电压吸收电路，通过该电路吸收驱动管断开时由驱动线圈产生的反峰电压。

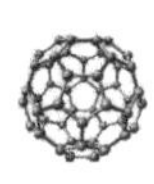

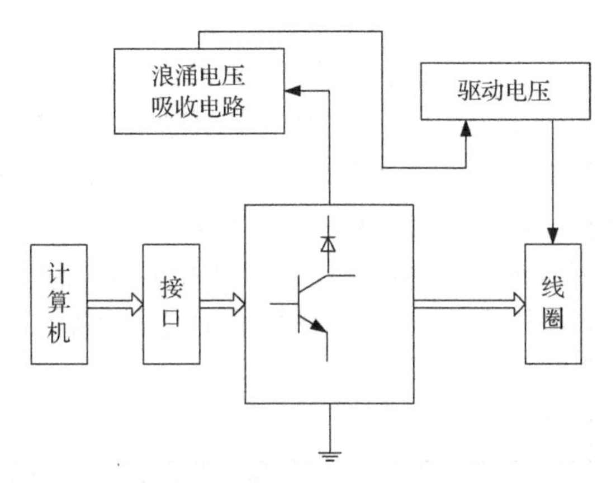

图 2-29　快门控制与驱动电路原理图

2.4.3　SL 控制系统软件

1. 成型机的软件组成

SL 根据三维 CAD 设计模型快速地制造出实物原型，从其加工流程来看，该工艺软件系统主要分为三部分：三维模型设计、数据处理和加工控制。每部分完成的功能如图 2-30 所示。

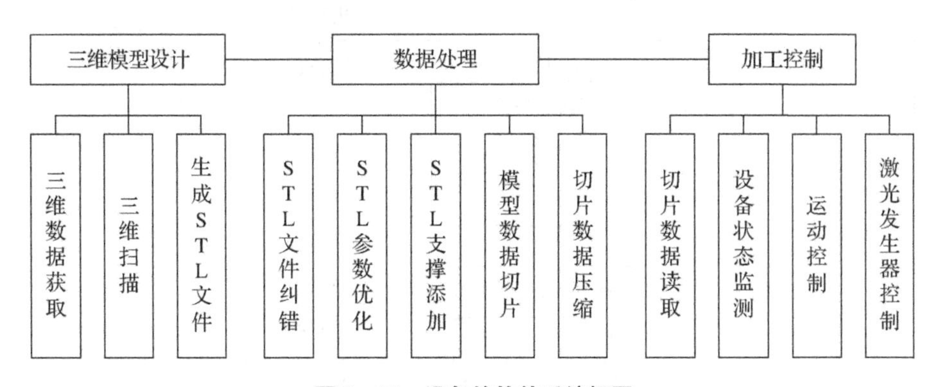

图 2-30　设备的软件系统框图

三维模型设计是指利用三维造型软件(如 SolidWorks，Pro/E，UG 等)在计算机上建立一个三维实体 CAD 模型，或者通过反求方法得到实体的三维模型数据，并将该三维模型表面三角化，生成快速成型系统的数据接口 STL 文件。

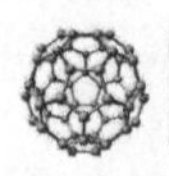

数据处理模块首先加载 STL 文件，建立三维模型中各几何元素(点、边、面、体)之间的拓扑关系，并对 STL 文件进行纠错处理。在对三维模型进行成型方向优化和图形变换之后，由切片软件得到一系列的二维截面轮廓环，并由二维截面轮廓环数据生成层面实体位图数据和求得支撑位图数据，最后对位图数据进行压缩处理得到所有切片层的位图数据的压缩文件。

加工控制模块首先读取层面位图数据、解压和显示，然后进行激光发射以及振镜扫描打印控制，材料的固化和自动叠加，同时完成设备的运行状态监测和故障报警功能。

2. 控制软件结构

基于单机控制模式的 SL 系统中，控制软件也由两大部分组成：上层应用程序和底层设备驱动程序。

在 PC 系统中，系统服务接口将整个操作系统分为用户态和核心态两层，如图 2-31 所示。用户态是操作系统的用户接口部分，所有的应用程序都运行在上层的用户态中。设备驱动程序是用户态和相关硬件之间的接口，上层应用程序通过使用底层设备驱动程序提供的编程接口来实现对底层硬件的操作。

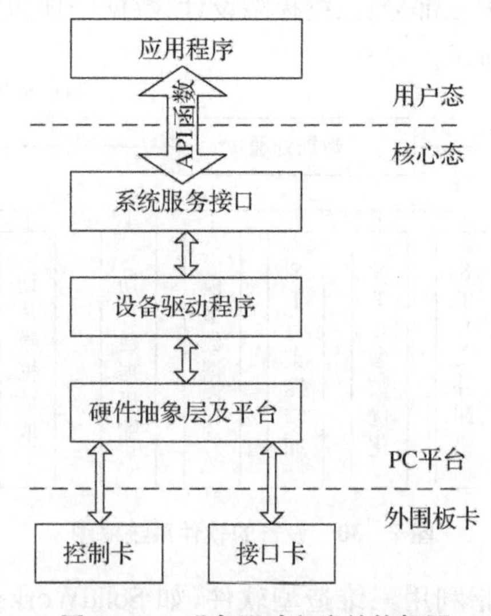

图 2-31 设备驱动程序结构框图

上层应用程序主要完成层面位图数据的读取、解压和显示、人机交互等非实时性任务，以及通过 PC 系统服务接口与设备驱动程序进行信息传递。设备状态监控模块监测设备各系统的工作状态是否正常，如材料盒液位是否在设定范

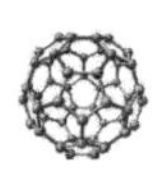

围内，激光发生器工作是否正常，若出现异常，则显示故障报警信息，并关闭光闸和暂停程序运行。为了确保在出现意外而中断成型的情况下，设备系统能够恢复原有的成型过程而不必重新开始，历史记录模块中保存了当前层的高度及 3D 打印成型的参数设置等必要信息，使设备在出现意外而中断时，能够恢复中断的成型加工。

2.5　SL 工艺成型质量影响因素

SL 制作的实质就是将符合用户要求的模型，无论其具有怎样的结构，都可以离散成一组二维薄层，再对每层进行扫描，层层凝结黏附，最终形成实体原型。在加工过程中，制成件的精度与很多因素有着必然联系。按照成型机的成型加工过程，成型件精度与因素之间的关系如图 2－32 所示。

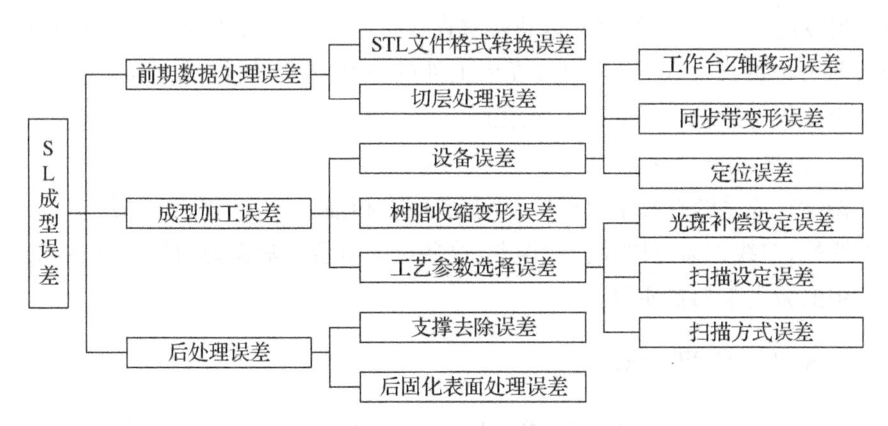

图 2－32　制件成型质量影响因素

2.5.1　数据转换

当前的 3D 打印工艺中 3D 打印机只能接受所建模型的外部轮廓信息，所以，只有将设计的三维图形离散成一系列的二维薄片之后才能被识别。而这种离散模式当前主要有两种：一种是直接将设计图形切成薄片；第二种是将设计图形转换格式后再切片。虽然第一种切片方法简单易操作，数据处理量小，用时较短并且精度较高，但是它对运行条件的要求特别严格，几乎很难满足，而且想要对工件自动附加上支撑部分也是非常困难的。而第二种转换格式之后再切片的方法，主要是以STL格式文件为载体。虽然这种方法缺点很多，但对制件质量影响不大，所以目前被广泛应用。这种方法的缺点主要体现在STL格式文件的转换及输出和切片处理两个过程。

2.5.2 设备机械精度

影响成型件精度最原始的因素是设备误差。设备误差主要是由成型机造成的，这样我们就要从设计和硬件系统上加以控制，在设备出厂前减小设备的误差，进而提高制件的精度，提高成型机器的硬件系统可靠性。减小设备误差是提高制件精度的硬件基础，所以不容忽视。设备误差主要是体现在X,Y,Z三个方向上。

1. 工作台Z轴方向的运动

工作台就是托板，托板上下移动使零件加工成型，托板的上下移动是通过丝杠来实现的。所以，工作台的运动误差直接决定着成型制件的层厚精度，从而造成Z轴方向的尺寸误差。同时，成型工件的形状、较大的粗糙度和位置误差主要是由托板的运动直线度误差导致的。

2. 扫描振镜偏转

振镜扫描系统在扫描过程中，存在着固有扫描场的几何畸变，系统本身也存在着线性、非线性误差以及其他误差，这些误差也会影响振镜扫描系统在光固化工艺中的激光束扫描质量。

2.5.3 成型材料

材料形态的变化直接影响成型过程及成型件精度。在SL过程中，树脂在从液态到固态的聚合反应过程中会产生线性收缩和体积收缩。线性收缩将导致在逐层堆积时层间应力的产生，这种层间应力使成型件变形翘曲，导致精度丧失，并且这种变形的机理复杂，与材料的组分、光敏性、聚合反应的速度有关。此外，在SL过程中树脂所产生的体积收缩对零件精度的影响也是不可忽视的。它将引起成型件尺寸的变化，导致零件精度减小。体积收缩的一个重要原因是，树脂聚合后的结构单元之间的共价键距离小于液态时的范德华作用距离，造成结构单元在聚合物中的结合紧密程度比液态时大，导致聚合过程中产生体积收缩。

研究表明，体积收缩在SL中对成型零件的翘曲有一定的影响，但无直接的

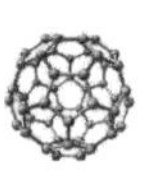

定量关系。线性收缩在成型固化及二次固化中都会发生，导致整个制件尺寸变化和形状位置变化，使精度降低。此外，树脂固化后的溶胀性，对制件精度也有较大的影响。由于 SL 过程一般历时几小时至几十小时，前期固化部分长时间浸泡在液体树脂中，会出现溶胀，尺寸变大，强度下降，从而导致制造误差甚至失败。

2.5.4　成型参数

1. 光斑大小带来的影响

SL 制作时，由于光斑比一个点大很多，所以它不能被视为一个光点忽略不计，而需要考虑实际宽度与光斑半径的大小是否一致。光斑的扫描路径，如图 2-33(a)所示，是在不采用光斑补偿的条件下产生的，相比于设计尺寸，实际成型的零件局部尺寸会小于一个光斑半径，转角处还会出现圆角，因此需要找到有效的方法来减小这种差异值。而对光斑补偿就是一种较为成熟的改善方式，也就是让光斑往工件里面再偏移光斑大小的二分之一，如果不出现其他的差错，光斑按偏移后的路线扫描，则可极大地减小成型误差。

综上所述，在固化成型过程中，依据零件中存在的误差程度来对补偿直径数值进行控制，如图 2-33(b)所示。

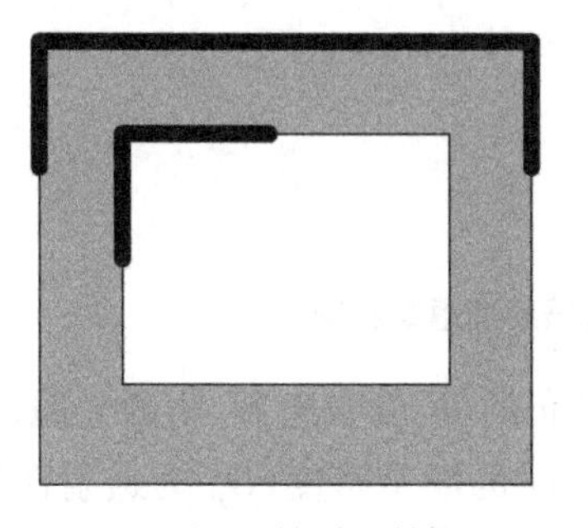

(a) 不采用光斑补偿

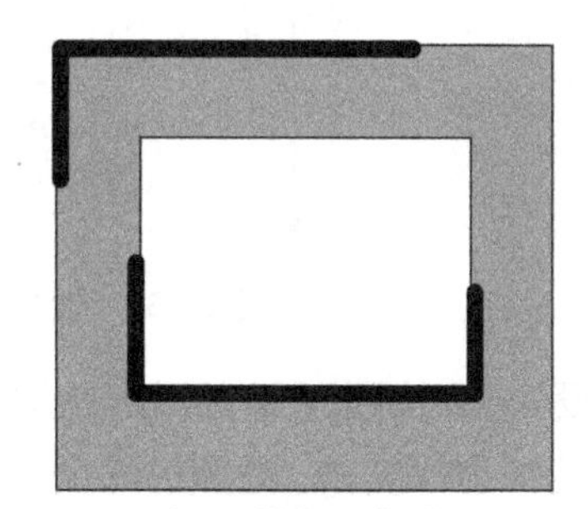

(b) 采用光斑补偿

图 2-33　不采用光斑补偿与采用光斑补偿

目前，调整光斑补偿直径的数值，是以成型制件的误差来判定的。假设成型工件的理论长度为 L，工件的尺寸误差为 Δ，光斑直径补偿量为 Δd，实际光斑直径大小为 D_0，则光斑直径补偿公式为

$$L + \Delta = L + D_0 - \Delta d \tag{2-1}$$

$$\Delta = D_0 - \Delta d \tag{2-2}$$

可得光斑直径补偿公式为

$$D_0 = \Delta + \Delta d \tag{2-3}$$

由上式可知，光斑直径的实际数值是计算机所设置的工件尺寸误差值与光斑直径补偿量之和。

2. *激光功率、扫描速度、扫描间距的影响*

SL制作就是由线构成面，再由面构成体的过程。在SL加工时，液体成型材料需要接受光束的照射才能变成固体，而且凝固的程度与光束的能量多少有关，也可以说是和曝光量E有光。树脂种类不同，使得树脂的临界曝光量E_c也不同，但相同的是，只有当$E \geqslant E_c$时，树脂才会被凝固。成型材料接收到的光束能量多少与光束照射深浅的关系呈负指数递减，如图2-34所示。

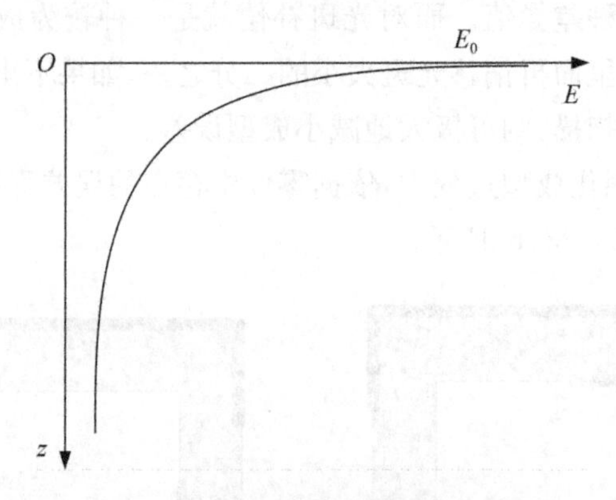

图2-34　激光垂直照射能量衰减图

假设入射到树脂表面的激光是均匀分布的，可设激光E_0为激光照射的能量密度；z为照射深度；E_z是照射深度等于z时的能量密度；D_p为透射深度，即照射能量密度E_0的1/e的深度，仅受成型材料性质的影响。能量密度分布函数如下：

$$E(z) = E_0 \exp(-z/D_p) \tag{2-4}$$

由此可知，当且仅当$E(z) \geqslant E_c$时，树脂才会被凝固住。

激光线竖直照射在成型材料的表面进行扫描，如图2-35所示。

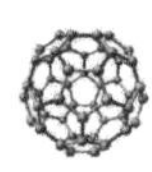

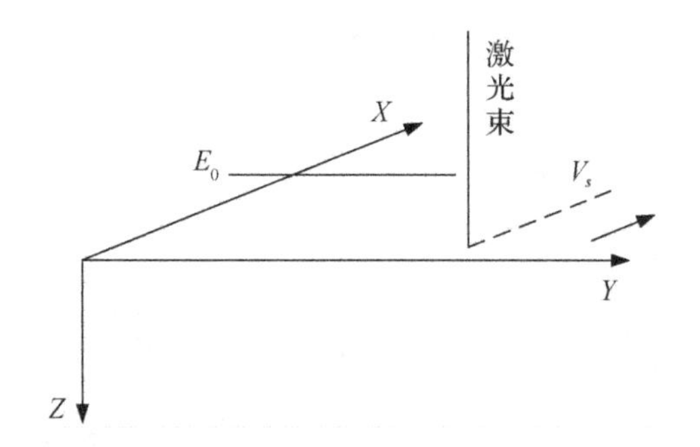

图 2 - 35　激光以线速度 V_S 垂直射入时坐标系

设 X 方向为扫描方向，激光功率为 P_t，扫描速度为 V_s，固化半径为 ω_0，则光敏树脂的曝光量分布函数如下式：

$$E(y,z)=\sqrt{\frac{2}{\pi}}\frac{P_t}{\omega_0 V_x}\exp(-2y^2/\omega_0^2)\exp(-z/D_p) \tag{2-5}$$

对于激光束，由公式 2 - 5 可得，当 $y=0, z=0$ 时，光敏树脂液面存在最大曝光量为

$$E_{\max}=\sqrt{\frac{2}{\pi}}\frac{P_t}{\omega_0 V_x} \tag{2-6}$$

由此可知，公式 2 - 5 可变化为

$$E(y,z)=E_{\max}\exp(-2y^2/\omega_0^2)\exp(-z/D_p) \tag{2-7}$$

而此时的 y_c，z_c 为临界固化点，对公式 2 - 7 取对数，可得

$$2y_c^2/\omega_0^2+z_c/D_p=\ln(E_{\max}/E_c) \tag{2-8}$$

由公式 2 - 8 可知，临界固化点的轮廓线呈二次抛物线型。

当 $y=0$ 时，可计算出最大固化深度为

$$C_d=D_p\ln(E_{\max}/E_c) \tag{2-9}$$

由上式可知，P_t 与 V_s 的比值对最大固化深度有直接影响。

当 $z=0$ 时，可计算出最大扫描线宽为

$$l_w=2y_c=2\omega_0\sqrt{C_d/2D_p} \tag{2-10}$$

综合上述分析可知，激光束强度可近似看作正态分布，图 2 - 36(a)所示为其

固化形状,图 2-36(b)所示为单条固化线形状。

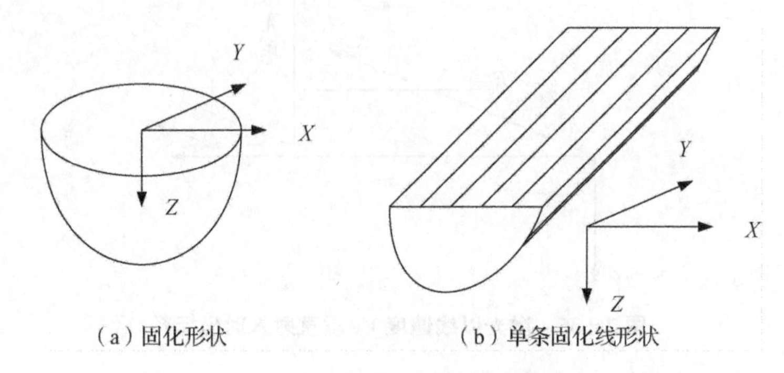

图 2-36　光固化线条轮廓形状

由公式 2-6 和公式 2-9 以及成型机信息和加工参数,可以总结如下:

(1) 扫描速度、扫描间距以及激光功率三者决定了扫描固化深度。当分层厚度稍大于凝固层的厚度时,不存在层间应力,此时树脂可以自由收缩,主液槽内出现固化薄层随液态树脂流动的现象,这种漂移现象使成型件发生翘曲变形的概率减低,但会造成层与层之间的错位,当分层厚度稍小于凝固层厚度时,能够让层和层之间黏附起来,并且形变的明显程度会随凝结层面厚度的加大而加剧。

(2) 最大固化深度一定要穿透分层厚度才可以确保成型加工能够成功完成。这是因为只有让激光能量穿过厚厚的一层,才能使相邻两层黏起来。

(3) 扫描间距和速度是需要被控制的。扫描速度越低,最大固化线宽度越大,这样临近的固化线重合区会变得越大,若扫描速度选择得过大,再配以不合理的扫描间距,这样会导致工件里面应力聚集,树脂不能被凝结充分,只能在二次固化工序中再次被固化,这样会导致更大的形变,对制件质量造成更坏的影响。

(4) 固化线最大的宽度应小于激光光束的扫描间距。这是因为临近的两条凝结线条必须要有某种程度的彼此覆盖,只有这样才能保证被凝结完毕的那部分树脂具有令人满意的强度。

2.5.5　SL 的效率

1. 影响制作时间的因素

光固化成型零件是由固化层逐层累加形成的,成型所需要的总时间由扫描

固化时间及辅助时间组成，可表示为

$$t=\sum_{i=1}^{N}t_{ci}+Nt_{p} \tag{2-11}$$

式中，N 表示成型总层数。

成型过程中，每层零件的辅助时间 t_p 与固化时间 t_{ci} 的比值反映了成型设备的利用率，可以通过如下公式表示：

$$\eta=\frac{t_p}{t_{ci}} \tag{2-12}$$

当实体体积越小，分层数越多时，辅助时间所占的比例就越大，如制作大尺寸的薄壳零件，这时成型设备的有效利用率很低，因此，在这种情况下，减少辅助时间对提高成型效率是非常有利的。

2. 减少制作时间的方法

针对成型零件的时间构成，在成型过程中，可以通过改进加工工艺、优化扫描参数等方法，减少零件成型时间，提高加工效率，实际使用时通常采用以下几种措施。

(1) 减少辅助成型时间

辅助时间与成型方法有关，一般可通过如下公式表示为

$$t_p=t_{p1}+t_{p2}+t_{p3} \tag{2-13}$$

式中，t_{p1} 为工作台升降运动所需要的时间；t_{p2} 为完成树脂涂覆所需要的时间；t_{p3} 为等待液面平稳所需的时间。

减少升降时间、树脂涂覆时间及等待时间，可以减少成型中的辅助时间。

(2) 选择层数较小的制作方向

零件的层数对成型时间的影响很大，对于同一个成型零件，不同的制作方向需要的成型时间差别较大。快速成型方法制作零件时，在保证质量的前提下，应尽量减少制作层数。

对零件制作方向进行优化选择可以减少成型时间，对比不同制作方向的成型时间，可以看出，选择制作层数较少的制作方向，零件制作时间不同程度地减少，有的甚至减少了近 70%的制作时间。

2.6 SL的应用

SL具有成型过程自动化程度高，制作原型表面质量好，尺寸精度高以及能够实现比较精细的尺寸成型等特点，广泛应用于航空、汽车、电器、消费品以及医疗等领域。

SL模型在航空航天领域可直接用于风洞试验，进行可制造性、可装配性检验。航空航天零件往往是在有限空间内运行的复杂系统，采用SL原型，不但可以进行装配干涉检查，还可以进行可制造性讨论评估，确定最佳的制造工艺。通过快速熔模铸造、快速翻砂铸造等辅助技术，进行特殊复杂零件(如涡轮、叶片、叶轮等)的单件、小批量生产，并进行发动机等部件的试制和试验，图2-37所示为叶轮的SL模型。航空发动机上的许多零件大多采用精密铸造，对母模精度提出较高要求，传统工艺成本极高且制作时间也很长。采用SL可以直接由CAD数字模型制作熔模铸造的母模，时间和成本得到显著降低。数小时之内，就可以由CAD数字模型得到成本较低、结构又十分复杂的用于熔模铸造的SL母模。

图2-37 叶轮的SL模型

利用SL可以制作出多种弹体外壳，装上传感器后便可直接进行风洞试验。SL除去了制作复杂曲面模的成本和时间，可以更快地从多种设计方案中筛选出最优的整体方案，在整个开发过程中大大缩短了验证周期及降低了开发成本，并

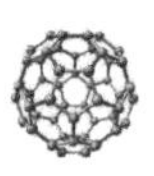

且可在未正式量产之前对其可制造性和可装配性进行检验。

现代汽车生产的特点就是产品的型号多、周期短。为了满足不同的生产需求，需要不断地进行改型。虽然现代计算机模拟技术不断完善，可以完成各种动力、强度、刚度分析，但研究开发中仍需要做成实物以验证其外观形象、工装的可安装性和可拆卸性。对于形状、结构十分复杂的零件，可以用 SL 技术制作零件原型，以验证设计人员的设计思想，并利用零件原型做功能性和装配性检验，图 2－38 所示为汽车面罩原型。

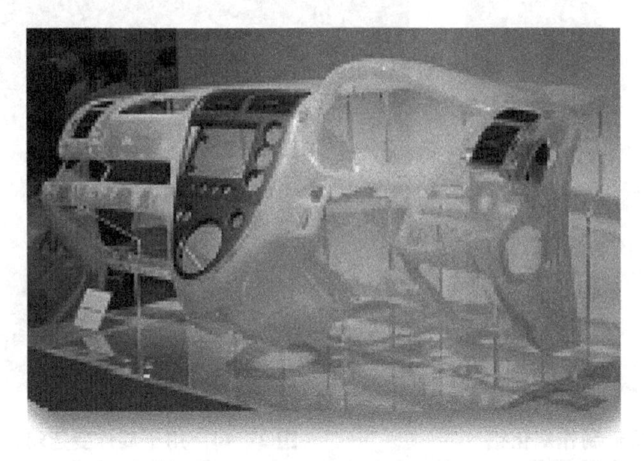

图 2－38　汽车面罩模型

SL 技术还可在发动机的试验研究中用于流动分析。问题的关键是透明模型的制造，用传统方法时间长、花费大且不精确；而用 SL 技术结合 CAD 造型仅仅需要 4～5 周的时间，且花费只有之前的 1/3，制作出的透明模型能完全符合机体水箱和汽缸盖的 CAD 数据要求，模型的表面质量也能满足要求。

SL 技术在汽车行业除了上述用途外，还可以与逆向工程技术、快速模具制造技术相结合，用于汽车车身设计、前后保险杠总成试制、内饰门板等结构/功能样件试制、赛车零件制作等。

在铸造生产中，模板、芯盒、压蜡型、压铸模等的制造往往采用机加工方法，有时还需要钳工进行修整，费时耗资，而且精度不高。特别是对于一些形状复杂的铸件（例如飞机发动机的叶片，船用螺旋桨，汽车、拖拉机的缸体、缸盖等），模具的制造更是一个巨大的难题。虽然一些大型企业的铸造厂也备有一些数控机床、仿型铣等高级设备，但除了设备价格昂贵外，模具加工的周期也很长，而且由于没有很好的软件系统支持，机床的编程也很困难。快速成型技术的出现，为铸模生产提供了速度更快、精度更高、结构更复杂的保障。图2－39所示为SL技术制作的用来生产氧化铝基陶瓷芯的模具，其结构十分复杂，包含了制作内部冷却通道的结构，且精度要求高，对表面质量的要求也非常高。图2－40所示为SL技术制作的用来生产消失模的模具嵌件，该消失模可用来生产标致汽车发动机变速箱拨叉。

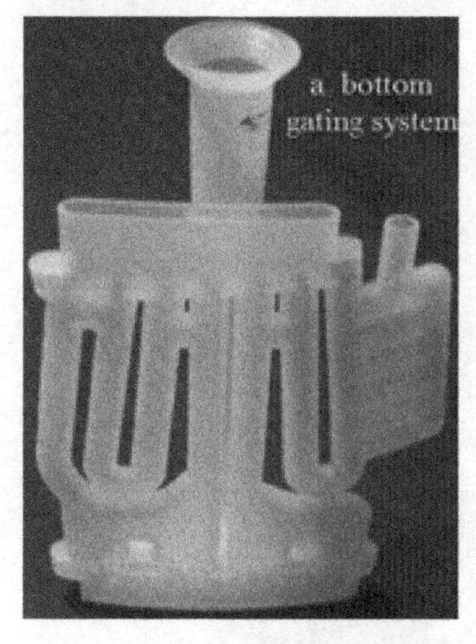

图2－39　用于制作氧化铝基陶瓷芯的SL原型

图2－40　用于制作变速箱拨叉熔模的SL原型

思考题

1. 简述SL的成型过程。
2. SL有哪些优缺点？
3. 为什么SL需要支撑？都有哪些支撑形式？各有什么特点？
4. SL采用的光源有哪些？
5. SL的光学扫描系统有哪几种形式？
6. SL有哪些液面控制方式？
7. 为什么SL需要进行温度控制？

第3章　金属打印成型

金属零件3D打印技术作为整个3D打印体系中最前沿和最有潜力的技术，是先进制造技术的重要发展方向。随着科技发展及推广应用的需求，利用快速成型直接制造金属功能零件成为快速成型主要的发展方向。目前可用于直接制造金属功能零件的快速成型方法主要有：选择性激光烧结(selective laser sintering,SLS)技术、选择性激光熔化(selective laser melting, SLM)技术、激光近净成型(laser engineered net shaping, LENS)技术和电子束选区熔化(electron beam selective melting, EBSM)技术等。本章主要讲述SLS工艺成型技术，并简单介绍其余几种金属打印成型技术。

3.1　SLS技术

3.1.1　SLS技术概述

SLS思想是由美国德克萨斯大学奥斯汀分校的Dechard于1986年首先提出的，并于1988年研制成功了第一台SLS成型机。这是一种用红外激光作为热源来烧结粉末材料成型的3D打印技术。

DTM公司(后被3D Systems公司收购)将其商业化，于1992年推出了Sinterstation 2000系列商品化SLS成型机。世界上另一家在SLS技术方面占有重要地位的是德国的EOS公司。EOS公司于1994年推出3个系列的SLS成型机，其中EOSINT P用于烧结热塑性塑料粉末，制造塑料功能件及熔模铸造和真空铸造的原型；EOSINT M用于金属粉末的直接烧结，制造金属模具和金属零件；EOSINT S用于直接烧结树脂砂，制造复杂的铸造砂型和砂芯。图3

-1 和图 3-2 分别为 3D Systems 公司与 EOS 公司推出的 SLS 系统。

图 3-1　3D Systems iPro 系列 SLS 设备

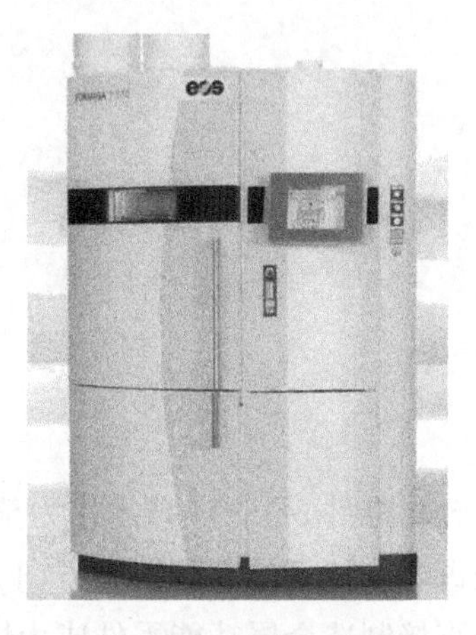

图 3-2　EOS FORMIGA P 110 激光粉末烧结系统

国内从 1994 年开始研究 SLS 技术,引进了多台国外 SLS 成型机。北京隆源公司于 1995 年成功研制出第一台国产化 AFS 激光快速成型机,随后华中科技大学也生产出了 HRPS 系列的 SLS 成型机。

SLS 成型工艺的优缺点如下。

1. SLS 成型工艺的优点

(1) 可采用多种材料。从原理上说,SLS 可采用加热时能够熔化黏结的任何粉末材料,通过材料或各类含黏合剂的涂层颗粒制造出任何造型,满足不同的需要。

(2) 可制造多种原型。由于可用多种材料,SLS 通过采用不同的原料,可以直接生产复杂形状的原型、型腔模三维构件或部件及工具。例如,制造概念原型,可安装为最终产品模型的概念原型,蜡模铸造模型及其他少量母模生产,直接制造金属注塑模等。

(3) 高精度。依赖于使用的材料种类和粒径、产品的几何形状和复杂程度,SLS 一般能够达到工件整体范围内±(0.05～2.5) mm 的偏差。当粉末粒径小于 0.1 mm 时,成型后的原型精度可达±1%。

(4) 无须支撑结构。SLS 工艺无须设计支撑结构,成型过程中出现的悬空层面可直接由未烧结的粉末实现支撑。

(5) 材料利用率高。SLS 工艺不用支撑,也不像 LOM 工艺那样出现许多工艺

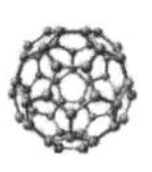

废料，为常见几种 3D 打印工艺中原材料利用率最高的，可接近 100%。SLS 工艺中采用的金属粉末（如钛合金、铝合金等）的价格较高，尼龙类等塑料粉末的价格也远高于 FDM 工艺的 ABS 材料，所以 SLS 模型的成本也相对较高。

2. SLS 成型工艺的缺点

(1) 表面粗糙。SLS 工艺原材料是粉状的，原型建造是由材料粉层经过加热熔化实现逐层黏结的，因此，原型表面严格地讲是粉粒状的，因而表面较为粗糙，精度不高。

(2) 烧结过程有异味。SLS 工艺中粉层需要通过激光使其加热达到熔化状态，高分子材料或者粉粒在激光烧结时会挥发出异味气体。

(3) 有时辅助工艺较复杂。以聚酰胺粉末烧结为例，为避免激光扫描烧结过程中材料因高温起火燃烧，需在工作空间加入阻燃气体，多为氮气。烧结前要预热，烧结后要在闭封空间去除工件表面浮粉，以避免粉尘污染。

3.1.2 SLS 成型过程

3.1.2.1 成型工艺

SLS 成型过程如图 3-3 所示。由 CAD 模型各层切片的平面几何信息生成 $X-Y$ 激光扫描器在每层粉末上的数控运动指令，铺粉器将粉末一层一层地撒在工作台上，再用滚筒将粉末滚平、压实，每层粉末的厚度均对应于 CAD 模型的切片

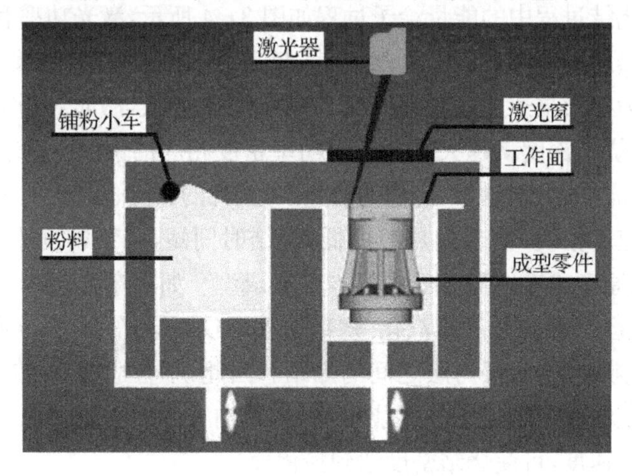

图 3-3　SLS 工艺成型过程

厚度(50～200 μm)。各层铺粉被 CO_2 激光器选择性烧结到基体上，而未被激光扫描、烧结的粉末仍留在原处起支撑作用，直至烧结出整个零件。

当实体构建完成并在原型部分充分冷却后，粉末块会上升到初始的位置，将其拿出并放置到工作台上，用刷子小心刷去表面粉末露出加工件部分，其余残留的粉末可用后处理装置除去。

3.1.2.2 烧结机理

选择性激光烧结工艺使用的材料一般有石蜡、高分子、金属、陶瓷粉末和它们的复合粉末材料。材料不同，其具体的激光与粉末材料的相互作用及烧结工艺也略有不同。

激光能量是激光烧结快速成型工艺所必需的能量来源。激光与材料的能量转化要遵守能量守恒定律。激光束作用于粉末时，粉末会吸收大量的激光能量，温度升高，引起熔化、飞溅、汽化等现象。具体过程依赖于激光参数(能量、波长等)、材料特征和环境条件。一般来说，在不同数量级的激光功率密度作用下，粉末材料表面发生的现象是不同的。对于金属粉末，粉末材料主要是在激光能量的作用下发生熔化，当激光能量功率密度在 10^4～10^6 W/cm^2 之间时，材料发生熔化。激光能量功率密度在 10^6 W/cm^2 以上时，材料发生汽化。要使金属粉末直接 SLS 成型顺利进行，必须使得一层粉末材料全部或局部熔化，并和基体黏结且该层的表面不发生汽化现象。

SLS 在烧结过程中的能量给予过程如图 3-4 所示，激光功率和扫描速度决定了粉末加热的温度和时间。一般而言，激光功率越大，扫描速度越低，烧结密度越高。因为在扫描速度相同的情况下，激光功率越大，激光对粉末传输的热量越多，粉末的烧结深度就越大。在激光功率密度相同的情况下，扫描速度越低，激光对粉末加热的时间越长，传输的热量多，制件的密度也越大。如果激光功率太小而扫描速度很快，粉末加热温度低，烧结时间短，烧结密度小，粉末不能烧结，制造出的原型或零件强度低或根本不能成型。如果激光功率太大而扫描速度又很慢，则会引起粉末严重汽化，烧结密度不仅不会增加，还会使烧结表面凹凸不平，影响颗粒之间、层与层之间的黏结。因此，不合适的激光功率密度和扫描速度都会使制件内部组织和性能不均匀，影响零件的质量。恰当选取激光功率密度和扫描速度，可使烧结密度达到最优值。

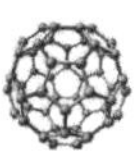

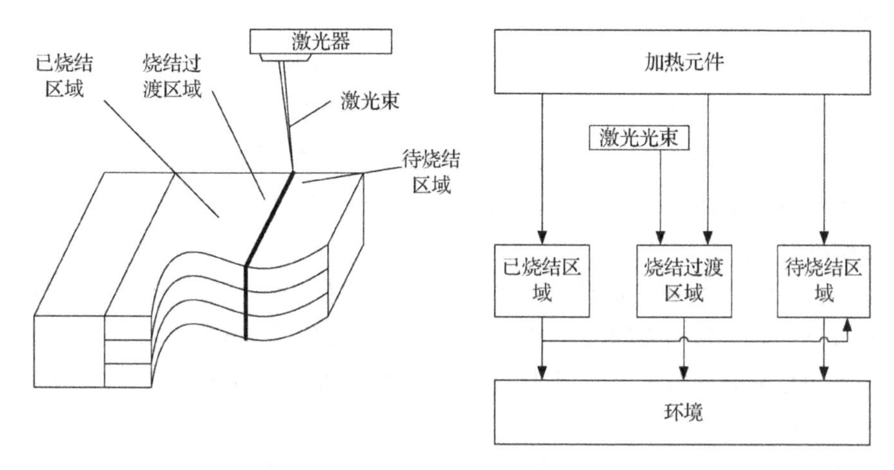

图 3-4　烧结过程中能量给予过程示意图

金属粉末的 SLS 烧结主要有 3 种方法，分别是直接法、间接法和双组元法。

(1) 直接法。直接法又称为“单组元固态烧结”(single component solid states sintering)法，金属粉末为单一的金属组元。激光束将粉末加热至稍低于熔点的温度，粉末之间的接触区域发生黏结，烧结的驱动力为粉末颗粒表面自由能的降低。直接法得到的零件再经热等静压烧结(HIP)工艺处理，可使零件的最终相对密度达 99.9%，但直接法的主要缺点是工作速度比较慢。

(2) 间接法。间接烧结工艺使用的金属粉末实际上是一种金属组元与有机黏合剂的混合物，有机黏合剂的含量约为 1%。由于有机材料的红外光吸收率高、熔点低，因而激光烧结过程中，有机黏合剂熔化，金属颗粒便能黏结起来。烧结后的零件孔隙率约达 45%，强度也不是很高，需要进一步加工。一般的后续加工工艺为脱脂(大约 300 ℃)、高温焙烧(>700 ℃)、金属熔浸(如铜)。间接法的优点是烧结速度快，但主要缺点是工艺周期长，零件尺寸收缩大，精度难以保证。

(3) 双组元法。为了消除间接法的缺点，采用一种低熔点金属粉末替代有机黏合剂，即为双组元法。这时的金属粉末由高熔点(熔点为 T_2)金属粉末(结构金属)和低熔点(熔点为 T_1)金属粉末(黏结金属)混合而成。烧结时激光将粉末升温至两金属熔点之间的某一温度 $T(T_1<T<T_2)$，使黏结金属熔化，并在表面张力的作用下填充于结构金属的孔隙，从而将结构金属粉末黏结在一起。为了更好地降低孔隙率，黏结金属的颗粒尺寸必须比结构金属的小，这样可以使小颗粒熔化后更好地润湿大颗粒，填充颗粒间的孔隙，提高烧结体的致密度。此

外，激光功率对烧结质量也有较大影响。如果激光功率过小，会使黏结金属熔化不充分，导致烧结体的残余孔隙过多；反之，如果功率太大，则会生成过多的金属液，使烧结体发生变形。因此，对双组元法而言，最佳的激光功率和颗粒粒径比是获得良好烧结结构的基本条件。双组元法烧结后的零件机械强度较低，需进行后续处理，如液相烧结。经液相烧结的零件相对密度可大于80%，零件的机械强度也很高。

上述介绍的3种金属SLS方法中，一般将直接法和双组元法统称为“直接SLS”(direct SLS)，而将间接法对应地称为“间接SLS”(indirect SLS)。由于直接SLS可以显著缩短工艺周期，因而近几年来，直接SLS在金属SLS中所占比重明显上升。

由于金属粉末的SLS温度较高，为了防止金属粉末氧化，SLS时必须将金属粉末封闭在充有保护气体的容器中。保护气体有氮气、氢气、氩气及其混合气体。烧结的金属不同，要求的保护气体也不同。

对于陶瓷粉末的SLS成型，一般要先在陶瓷粉末中加入黏合剂(目前所用的纯陶瓷粉末原料主要有Al_2O_3和SiC，而黏合剂有无机黏合剂、有机黏合剂和金属黏合剂3种)。在激光束扫描过程中，利用熔化的黏合剂将陶瓷粉末黏结在一起，从而形成一定的形状，然后再通过后处理以获得足够的强度，即采用“间接SLS”。

塑料粉末的SLS成型均为“直接SLS”，烧结好的制件一般不必进行后续处理。采用一次烧结成型，将粉末预热至稍低于其熔点的温度，然后控制激光束加热粉末，使其达到烧结温度，从而把粉末材料烧结在一起。

3.1.2.3 SLS后处理

SLS形成的金属或陶瓷件只是一个坯体，其机械性能和热学性能通常不能满足实际应用的要求，因此，必须进行后处理。常用的后处理方法主要有高温烧结、热等静压烧结、熔浸和浸渍等。

1. 高温烧结

将SLS成型件放入温控炉中，先在一定温度下脱掉黏合剂，然后再升高温度进行高温烧结。经过这样的处理后，坯体内部孔隙减少，制件的密度和强度得到提高。

2. 热等静压烧结

热等静压烧结将高温和高压同时作用于坯体，能够消除坯体内部的气孔，提

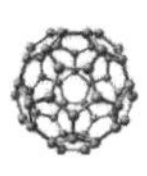

高制件的密度和强度。有学者认为，可以先将坯体做冷等静压处理，以大幅度提高坯体的密度，然后再经高温烧结处理，提高制件的强度。以上两种后处理方式虽然能够提高制件的密度和强度，但是也会引起制件的收缩和变形。

3. 熔浸

熔浸是将坯体浸没在一种低熔点的液态金属中，金属液在毛细管力作用下沿着坯体内部的微小孔隙缓慢流动，最终将孔隙完全填充。经过这样的处理，零件的密度和强度都大大提高，而尺寸变化很小。

4. 浸渍

浸渍和熔浸相似，所不同的是浸渍是将液态非金属物质浸入多孔的激光区烧结坯体的孔隙内。和熔浸相似，经过浸渍处理的制件尺寸变化很小。

3.1.3　SLS 系统组成

SLS 系统一般由高能激光系统、光学扫描系统、加热系统、供粉及铺粉系统等组成。图 3-5 所示为采用振镜式扫描的 SLS 系统。计算机根据切片截面信息控制激光器发出激光束，同时伺服电机带动反射镜偏转激光束，激光束经过动态聚焦镜变成会聚光束在整个平面上扫描，一层加工完成后，控制供粉缸上升一个层厚，工作台下降一个层厚，铺粉滚筒在电机驱动下铺一层新粉，开始新一层的烧结，如此重复直至整个零件制造完毕。

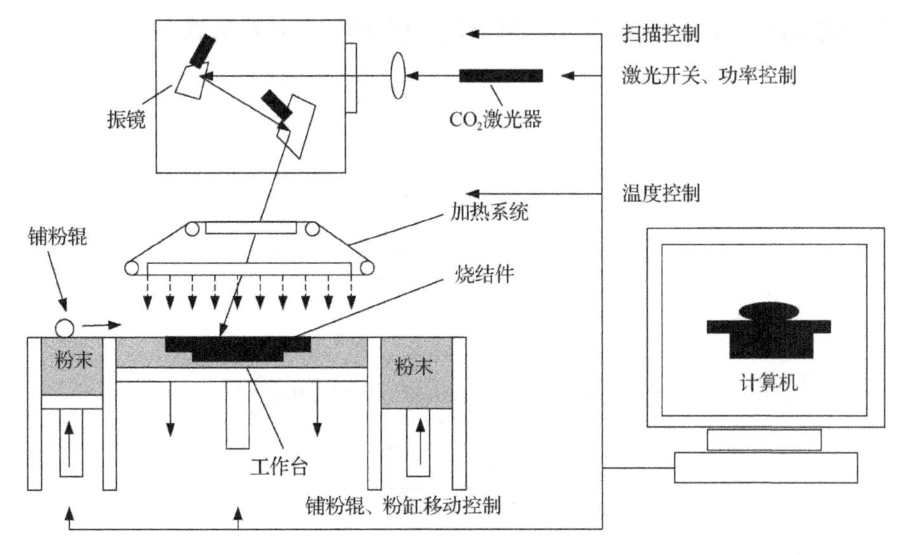

图 3-5　振镜式扫描 SLS 系统

3.1.3.1 光学扫描系统

SLS采用红外激光器作能源，使用的成型材料多为粉末材料。加工时，首先将粉末预热到稍低于其熔点的温度(熔融温度以下 20～30 ℃)，然后在刮平辊子的作用下将粉末铺平；激光束在计算机控制下根据分层截面信息进行有选择的烧结，材料粉末在高强度的激光照射下被烧结在一起，得到零件的截面，并与下面已成型的部分黏结；一层完成后再进行下一层烧结，全部烧结完后去掉多余的粉末，就可以得到一个烧结好的零件。目前，SLS 主要采用振镜式激光扫描和 *X*－*Y*直线导轨扫描。

图 3－6 为振镜式激光扫描原理图。来自激光器的激光束照到 *X* 方向的振镜 *X*－mirror，经 *X*－mirror 反射到 *Y* 方向的振镜 *Y*－mirror，再经 *Y*－mirror 反射到工作台的烧结区内，形成一个扫描点。*X*－mirror 和 *Y*－mirror 的偏转角可由计算机精确控制，复杂的二维曲线通过控制 *X*－mirror 和 *Y*－mirror 的偏转实现。振镜扫描的特点是：电机带动振镜偏转，振镜转动惯量小，可不考虑加减速的影响，响应速度快；扫描速度快，变速范围宽，能满足绝大部分材料的烧结要求；扫描光斑的形状随振镜的偏转角变化，各扫描点能量分布不均，影响材料成型的物化和机械性能；扫描速度随振镜偏转角的变化而变化，为保持各点速度相同，需进行复杂的插补运算，增加了数据处理与转换的工作量；为使振镜的偏转控制与激光束的光强匹配，减小误差，需要复杂的误差补偿运算。

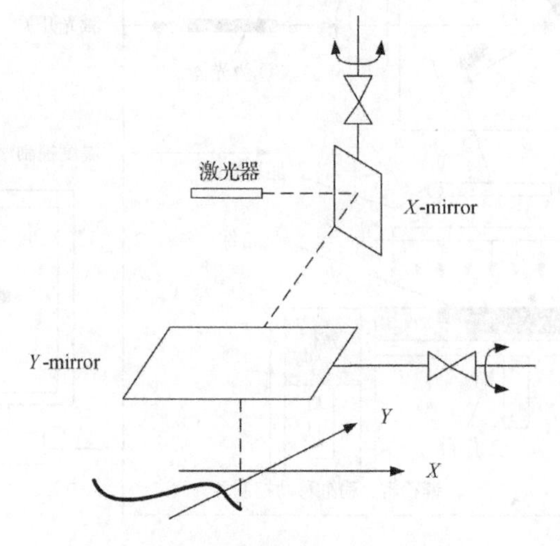

图 3－6 振镜式激光扫描原理图

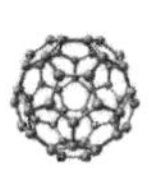

图 3-7 为 $X-Y$ 直线导轨扫描原理图。来自激光器的激光束经 mirror-1 的反射指向 X 正向，随 X 一起移动的 mirror-2 将激光束反射到工作台的烧结区内，形成一个烧结点。扫描轨迹是通过控制 X,Y 两轴的运动从而带动 mirror-1 和 mirror-2 来实现的。$X-Y$ 直线导轨扫描的特点是：数据处理相对简捷，控制易于实现；扫描精度取决于 $X-Y$ 直线导轨的精度；激光聚焦容易，扫描过程中扫描光斑形状恒定；导轨惯性大，需考虑加减速影响，扫描速度相对较慢，加工效率不高，故 $X-Y$ 直线导轨扫描在 SLS 工艺中已很少应用。以下仍重点介绍振镜式激光扫描。

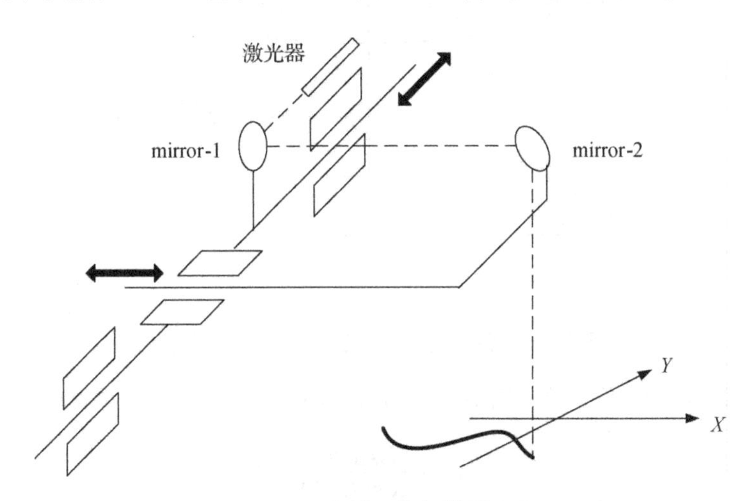

图 3-7　直线导轨扫描原理图

振镜式激光扫描系统在扫描过程中，扫描点与振镜 X,Y 轴反射镜的摆动角度以及动态聚焦的调焦距离是一一对应的，但是它们之间的关系是非线性的，要实现振镜式激光扫描系统的精确扫描控制，首先必须得到其精确的扫描模型，通过扫描模型得到扫描点坐标与振镜 X 轴和 Y 轴反射镜摆角及动态聚焦移动距离之间的精确函数关系，从而实现振镜式激光扫描系统扫描控制。

振镜式激光物镜前扫描方式原理如图 3-8 所示。入射激光束经过振镜 X 轴和 Y 轴反射镜反射后，由 $f-\theta$ 透镜聚焦在工作面上。理想情况下，焦点距离工作场中心的距离 L 满足以下关系：

$$L = f \times \theta \tag{3-1}$$

式中，f 为 $f-\theta$ 透镜的焦距，θ 为入射激光束与 $f-\theta$ 法线的夹角。

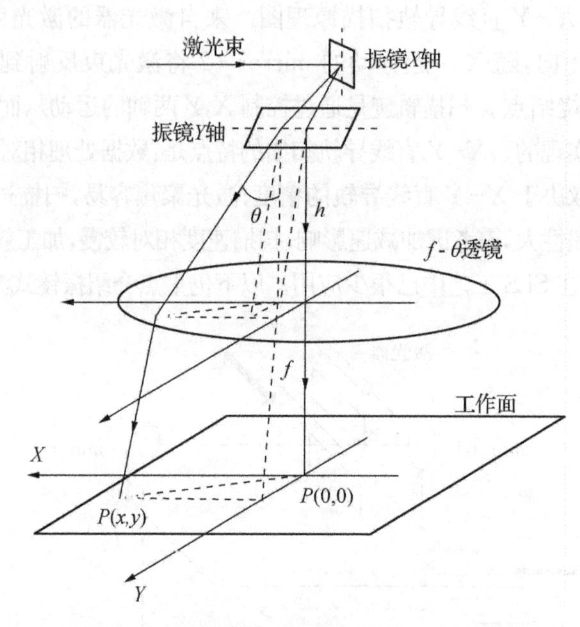

图 3-8　振镜式激光物镜前扫描方式原理图

通过计算可得工作场上扫描点的轨迹，通过式 3-2 和 3-3 表示：

$$x=\frac{L\sin 2\theta_x}{\cos(L/f)} \tag{3-2}$$

$$y=\frac{L\sin 2\theta_x}{\tan(L/f)} \tag{3-3}$$

式中，$L=\sqrt{x^2+y^2}$ 为扫描点离工作场中心的距离，θ_x 为振镜 X 轴的机械偏转角度，θ_y 为振镜 Y 轴的机械偏转角度。

综上所述，振镜式激光物镜前扫描方式的数学模型为式 3-4 和式 3-5 所示：

$$\theta_x=0.5\arctan\frac{x\cos(\sqrt{x^2+y^2}/f)}{\sqrt{x^2+y^2}} \tag{3-4}$$

$$\theta_y=0.5\arctan\frac{y\tan(\sqrt{x^2+y^2}/f)}{\sqrt{x^2+y^2}} \tag{3-5}$$

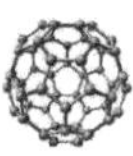

3.1.3.2　供粉及铺粉系统

图 3－9 所示为供粉及铺粉系统示意图，该系统由烧结槽、供粉槽及铺粉滚筒组成。烧结槽与供粉槽均为活塞缸筒结构。两槽内分别在 Z 轴方向和 W 轴方向通过安装的步进电机驱动活塞的上、下运动来实现烧结和供粉工作。烧结槽的顶面为激光烧结成型的工作台面，是激光扫描工作区。在成型过程中，加工完一层，W 轴方向的活塞上升一定高度，Z 轴方向的活塞下降一个铺粉层厚。

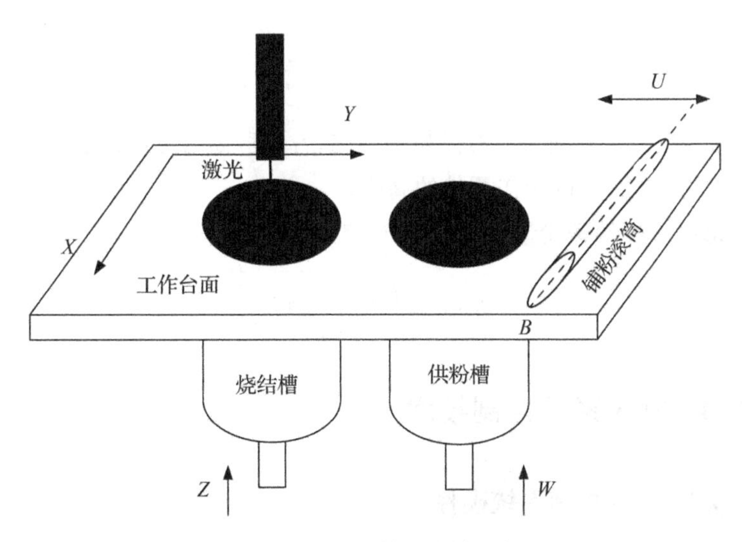

图 3－9　供粉及铺粉系统示意图

然后，铺粉滚筒在电机驱动下沿 U 轴方向按照程序设定的运动距离自右向左运动，同时，铺粉滚筒在电机驱动下绕自身中心轴 B 轴逆向转动；运动到达终点后，铺粉滚筒停止转动同时铺粉滚筒反向自左向右运动，返回原位，完成一层新粉铺敷，开始新层的烧结。

铺粉过程可以概括为：

(1) 烧结槽下降一个层厚，同时供粉槽上升一定高度。

(2) 铺粉装置自右向左运动，同时铺粉滚筒正向转动，铺粉装置运动至程序设定的终点。

(3) 铺粉滚筒停止转动，铺粉装置自左向右运动，按程序设定的距离返回原位。铺粉参数有：扫描层厚，供粉槽的上升高度，供粉槽、烧结槽的升降速度，铺粉装置的平动速度，铺粉滚筒的转动速度。扫描层厚直接影响烧结件的精度、表面粗糙度及成型时间。供粉槽的上升高度，铺粉装置的平动速度及铺粉滚筒的转动速度影响铺粉层的密实度及平整性，间接影响烧结件的质量。铺粉参数应根据具体的烧结材料及工件烧结精度要求而定。

对于供粉槽而言，其主要功能是在扫描准备阶段向上供给粉末，所以主要考虑供粉槽是否提供足够的粉末来完成零件的制作，以及根据单层厚度确定送粉量。对于具有双向送粉机构的选择性激光烧结系统，理论上的供粉槽储粉量可按式 3-6 计算：

$$h_{\text{store}} = h_{\text{L-store}} + h_{\text{R-store}} = \frac{h_{\text{part}}\omega_{\text{center}}}{\omega_{\text{side}}} \tag{3-6}$$

式中，$h_{\text{L-store}}$，$h_{\text{R-store}}$ 分别为左右供粉槽的储粉高度，ω_{center}，ω_{side} 分别为烧结槽和供粉槽的宽度，h_{part} 为待制作零件的高度。

制作每层零件的送粉量可以按式 3-7 计算：

$$h_{\text{send}} = \frac{h_{\text{thickness}}\omega_{\text{center}}}{\omega_{\text{side}}} \tag{3-7}$$

3.1.4 SLS 系统控制技术

3.1.4.1 SLS 控制系统硬件

SLS 控制系统结构图如图 3-10 所示。工作台和激光振镜扫描是控制系统中最重要的两个部分。工作台部分由送粉、成型、回收、铺粉四个装置构成。激光振镜扫描系统则是由激光器、扫描头、光路转换装置和反馈装置组成。其中工作台部分由步进电机控制卡控制完成 X 轴的铺粉运动和 Z 轴的送粉、成型、回收等运动。激光振镜扫描系统则由 X，Y 伺服电机和 X，Y 两轴反射镜组成。当 X，Y 伺服系统发出指令信号，X，Y 两轴电机就能使 X，Y 方向的反射镜发生精确的偏转。

(1) PC 机。SLS 主要针对三维零件信息进行处理，具有信息量大、计算复杂等特点。因此，SLS 对上位机的要求比较苛刻。由于三维零件的信息量大，一些功能算法比较复杂，所以对 PC 机的 CPU 和内存有较高的要求。

(2) 运动控制卡。运动控制卡的芯片是决定其性能的主要指标。目前主要

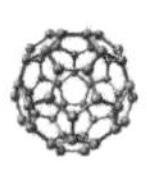

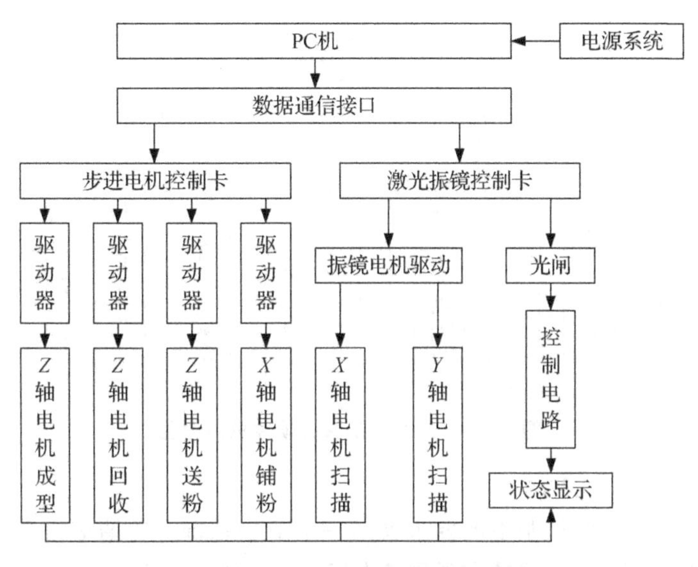

图 3－10　SLS 控制系统结构图

有 3 种芯片：一是单片机，其价格便宜，但是控制精度低，实时性较差；二是ARM，其价格适中，可靠性、实时性比较好，但是其数据处理功能一般；三是DSP，其实时性、可靠性较好，具有强大的数据处理能力和很高的运行速度，特别适用于复杂控制算法和高精度的场合，但是价格比较昂贵。

（3）工作台电机及驱动。目前一般用步进电机和全数字化交流伺服电机作为执行电机。两者相比，后者具有较好的短频特性、加速快等特点。

（4）扫描振镜的选择。目前国内与国外扫描振镜控制技术有较大的差距，主要表现在振镜的抗干扰性、稳定性上，而且现在的国外扫描振镜价格过于昂贵。

3.1.4.2　SLS 控制系统软件

SLS 控制系统的控制模式采用上位机、下位机并行处理方式实现整个系统控制。上位机就是 PC 机，下位机是指单片机、ARM 或 DSP 小型控制系统，两者之间通过串口或并口通信。图 3－11 所示为 SLS 控制模块总体结构。软件的关键点是上、下位机数据以及指令交互。在这个过程中，上位机主要面向用户，负责处理人机交互、数据处理、实时控制等功能，下位机主要面向设备，负责立即响应上位机控制指令，实时控制设备。

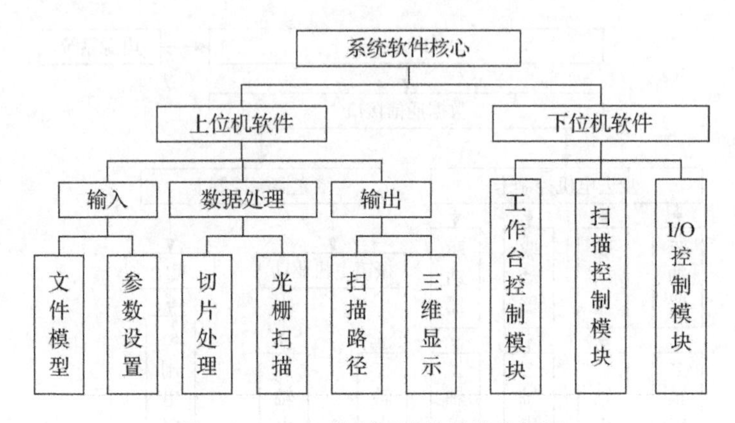

图 3-11　SLS 控制系统软件总体框图

1. 下位机

下位机软件系统最基本的要求就是一个最小系统。所谓最小系统，就是能够实现输入/输出，并且能够实现最基本运算的系统。以 DSP 为例，它具有数据处理精度高、运行速度快、实时性好的优点。DSP 系统就是一个最小系统，它的输入/输出就是利用通信协议实现上位机和下位机之间数据互传，如上位机给下位机发送控制指令，下位机反馈运动位置给上位机等，基本运算就是电源供电、附属时钟电路、内部数据处理等。简单来说，在这个系统中，它包含通信协议、硬件驱动、运动处理等功能。四轴步进电机控制卡负责控制工作台，激光振镜扫描控制卡负责控制扫描振镜。它们的系统包含的函数功能基本一样，如硬件初始化、数字 I/O、状态检测、运动函数等，只是具体的电路控制方式略有差别。下位机为上位机提供软件接口，它负责将上位机发送的命令函数及参数，解释成相应的机器指令，发送驱动程序，驱动电机执行。

2. 上位机

上位机软件执行流程图如图 3-12 所示。上位机软件系统与下位机软件系统执行功能不同，其软件系统处理流程也就不同。由于它们面向的对象不同，上位机软件系统主要面向的对象是用户，下位机主要面向的对象是硬件。因此，上位机软件系统一般采用高级语言开发，而下位机软件系统一般采用低级语言开发。上位机软件系统主要完成数据处理和提供友好的人机交互界面，以及完成对图形数据、两块控制卡进行集中式管理。

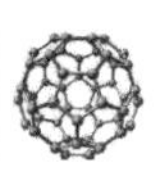

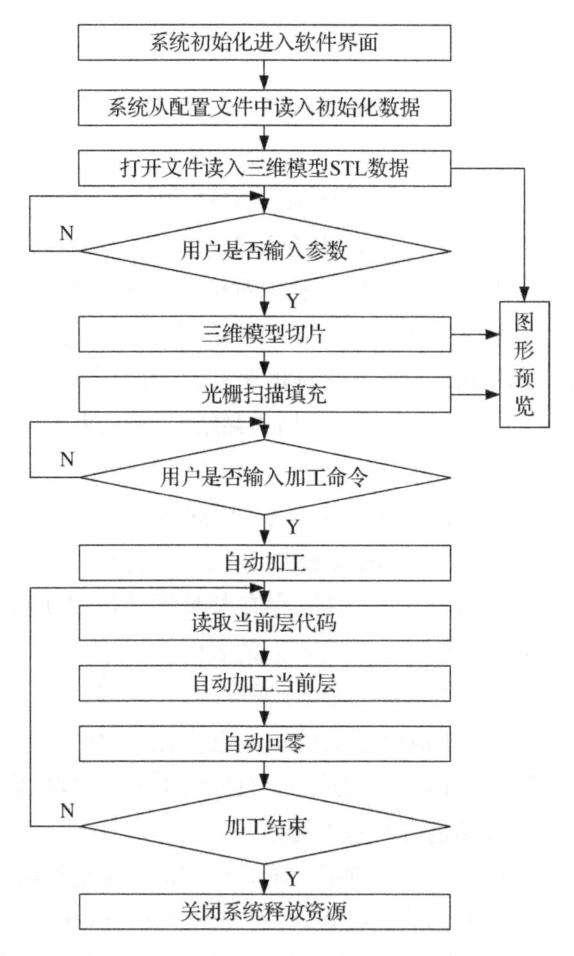

图 3-12　上位机运行流程图

3.1.5　SLS 工艺成型质量影响因素

SLS 工艺成型质量受多种因素影响，包括成型前数据的转换、成型设备的机械精度、成型过程的工艺参数以及成型材料的性质等。在第二章中，已经对数据的转换、设备的机械精度做过介绍，本章主要对成型过程中烧结机理以及几个主要工艺参数进行分析，各参数间既相互联系，又各自对烧结精度有一定的影响。

3.1.5.1 烧结机理影响分析

某些粉末在室温下就会有结块的可能。这种自发的变化是因为粉体比块体材料的稳定性差,即粉体处于高能状态。烧结的驱动力一般为体系的表面能和缺陷能。所谓缺陷能,是畸变或空位缺陷所储存的能量。粉末越细,粉体的表面积越大,即表面能越高。新生态物质的缺陷浓度较高,即缺陷能较高。由于粉末颗粒表面的凹凸不平和粉末颗粒中的孔隙都会影响粉末的表面积,因此原料越细,活性越高,烧结驱动力越大。从这个角度讲,烧结实际上是体系表面能和缺陷能降低的过程。利用粉末颗粒表面能的驱动力,借助高温激活粉末中原子、离子等的运动和迁移,从而使粉末颗粒间增加黏结面,降低表面能,形成稳定的、所需强度的制品,这就是高温烧结技术。烧结开始时粉体在熔点以下的温度加热,向表面能量(表面积)减少的方向发生一系列物理化学变化及物质传输,从而使得颗粒结合起来,由松散状态逐渐致密化,且机械强度大大提高。烧结的致密化过程是依靠物质传递和迁移来实现的,存在某种推动作用使物质传递和迁移。粉末颗粒尺寸很小,总表面积大,具有较高的表面能,即使在加压成型体中,颗粒间接触面积也很小,总表面积很大而处于较高表面能状态。根据最小能量原理,在烧结过程中,颗粒将自发地向最低能量状态变化,并伴随使系统的表面能减少,同时表面张力增加。可见,烧结是一个自发的不可逆过程,系统表面能降低、表面张力增加是推动烧结进行的基本动力。

图 3-13 为粉末烧结过程示意图。图 3-13(a)表示烧结前成型体中颗粒的堆积情况,此时,颗粒间有的彼此接触,有的彼此分开,孔隙较多。图 3-13(a)→图 3-13(b)阶段表明随烧结温度的升高和时间的延长,开始产生颗粒间的键合和重排,粒子开始相互靠拢,大孔隙逐渐消失,气孔的总体积减小,但粒子间仍以点接触为主,总面积并未减少。图 3-13(b)→图 3-13(c)阶段开始有明显的传

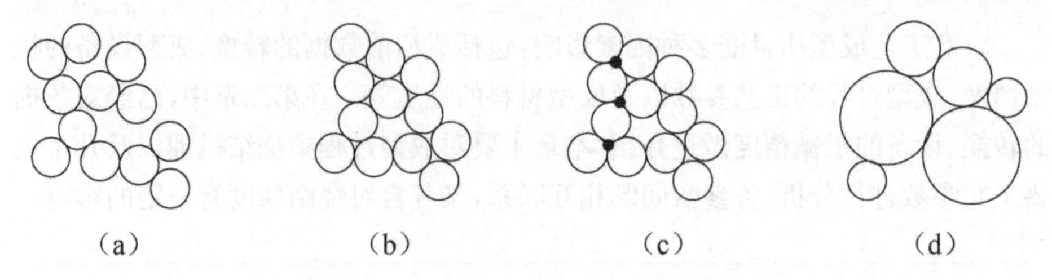

图 3-13 粉状成型体的烧结过程示意图

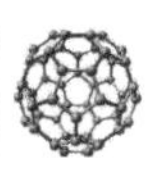

质过程。颗粒间由点接触逐渐扩大为面接触，粒界面积增加，固气表面积相应减少，但孔隙仍连通。图 3－13(c)→图 3－10(d)阶段表明，随着传质的继续，粒界进一步扩大，气孔逐渐缩小和变形，最终转变为孤立的闭气孔。同时颗粒粒界开始移动，粒子长大，气孔逐渐迁移到粒界上而后消失，烧结体致密度增高。

烧结时的物质迁移大致可分为表面迁移和体积迁移两类机制。表面迁移机制是由物质在颗粒表面流动而引起的。表面扩散和蒸发凝聚是主要的表面迁移机制。烧结体的基本尺寸不发生变化，密度也还保持原来的大小。体积迁移机制包括体积扩散、塑性流动亦即非晶物质的黏性流动，主要发生在烧结的后期。

烧结过程中颗粒之间的黏结大致可分为三个阶段，如图 3－14 所示。

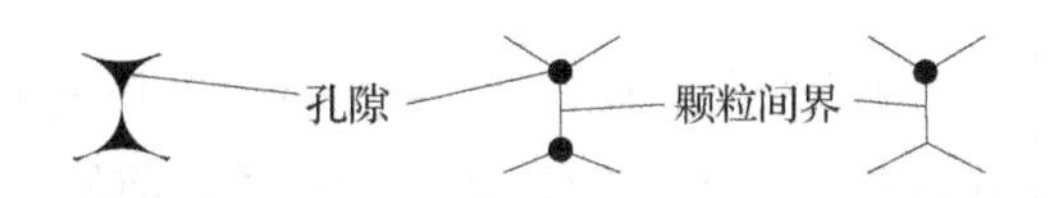

图 3－14　颗粒间的烧结模型

(1) 初期烧结颈形成阶段。通过形核、长大等原子迁移过程，粉末颗粒间的原始接触点形成烧结颈。烧结颈的长大速度与物质迁移机制有关。较细的粉末颗粒可以得到较快的烧结；烧结温度对烧结颈长大有重大影响。与温度相比较，烧结时间的作用相对较小。这一阶段还发生气体吸附和水分挥发，由于粉末颗粒结合面的增大，烧结体的强度有明显增加，但颗粒外形基本未变。

(2) 中间烧结颈长大阶段。原子向颗粒黏结面大量迁移时烧结颈扩大，颗粒间距缩小，孔隙的结构变得光滑，形成连续的孔隙网络。这阶段可以用烧结体的致密化和晶粒长大表征。在粉末烧结的致密化过程中，体积扩散、晶界扩散起主导作用。

(3) 最后烧结阶段。烧结是借助于体积扩散机制将孔隙孤立、球化及收缩。SLS 烧结用的激光器多为 CO_2 激光器。CO_2 激光器可以以连续和脉冲两种方式运行，当重复率很高时，输出为准连续激光。激光烧结工艺属于无压烧结，即在真空状态下，将粉末材料置于激光烧结成型机中，将其预热到一定温度，然后用激光扫描烧结成型。此时材料烧结的传质机理主要是蒸发凝聚和扩散传质。由烧结机理可知，只有体积扩散导致材料的致密化，而低温阶段以表面扩散为主，高温烧结阶段主要以体积扩散为主。从理论上讲，应尽可能快地从低温升到高温，创造体积扩散的条件。高温短时间的烧结是制造致密化的好方法。

激光的光束质量M^2是激光器输出特性中的一个重要参数，也是设计光路以及决定最终聚焦光斑的重要参考数据，衡量激光光束质量的主要指标包括激光束的束腰直径和远场发散角。激光束的光束质量的表达式为

$$M^2 = \pi D_0 \theta/(4\lambda) \tag{3-8}$$

式中，D_0为激光束的束腰直径，θ为激光束的远场发散角，λ为激光波长。

激光束在经过透镜组的变换前后光束束腰直径与远场发散角之间的乘积是一定的，其表达式为

$$D_0\theta_0 = D_1\theta_1 \tag{3-9}$$

式中，D_0为进入透镜前的激光束束腰直径，θ_0为进入透镜前的激光束远场发散角，D_1为经过透镜前的激光束束腰直径，θ_1为经过透镜前的激光束远场发散角。

由于在传输过程中激光束的束腰直径和远场发散角的乘积保持不变，因此最终聚焦在工作面上的激光束聚焦光斑直径可按式3－10计算：

$$D_f = D_0\theta_0/\theta_f \approx M^2 \times \frac{4\lambda}{\pi} \times \frac{f}{D} \tag{3-10}$$

式中，θ_f为激光束聚焦后的远场发散角，D为激光束聚焦前最后一个透镜的直径(激光束充满聚焦前最后一个透镜)；f为激光束聚焦前最后一个透镜的焦距。

从式3－10可以看出，激光束聚焦光斑直径的大小与激光束的光束质量及波长相关，同时也受聚焦透镜的焦距以及聚焦前最后一个透镜的直径即激光光束直径的影响。实际上对于给定的激光器，综合考虑聚焦光斑要求以及振镜响应性能的影响，通常通过设计合适的透镜以及扩大光束直径的方法来得到理想的聚焦光斑。

激光聚焦的另一个重要参数是光束的聚焦深度。激光束聚焦不同于一般的光束聚焦，其焦点不仅仅是一个聚焦点，而且有一定的聚焦深度，通常聚焦深度可按从激光束束腰处向两边至光束直径增大5%处截取，聚焦深度可按式3－11估算：

$$h_\Delta = \pm \frac{0.8\pi D_f^2}{\lambda} \tag{3-11}$$

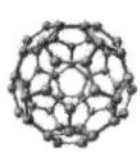

式中，D_f 为激光束聚焦光斑直径。

由式 3－11 可知，在一定聚焦光斑要求下，激光束的聚焦深度与波长成反比。在相同聚焦光斑要求下，波长较短的激光束可以得到较大的聚焦深度。

3.1.5.2　工艺参数

SLS 过程中，烧结制件会发生收缩。如果粉末材料都是球形的，在固态未被压实时，最大密度只有全密度的 70%左右，烧结成型后制件的密度一般可以达到全密度的 98%以上。所以，烧结成型过程中密度的变化必然引起制件的收缩。

烧结后制件产生收缩的主要原因是：① 粉末烧结后密度变大，体积缩小，导致制件收缩（熔固收缩）。这种收缩不仅与材料特性有关，而且与粉末密度和激光烧结过程中工艺参数有关。② 制件的温度从工作温度降到室温造成收缩（温致收缩）。

1. 激光功率

激光器功率可由式 3－12 确定：

$$P = \frac{d^2(T - T_i)}{2\beta A}\sqrt{\frac{2v}{\alpha d}} \qquad (3-12)$$

式中，d 为激光光斑的直径，v 为激光束的移动速度，T 为烧结温度，T_i 为起始温度，α 为热扩散率，A 为材料的吸收系数，β 为激光发送系统的透明度。

在扫描系统中，为了降低所需激光的功率，应尽可能减少激光光斑的直径 d，提高粉末材料的起始温度 T_i，采用适当的激光扫描速度 v。在固体粉末选择性激光烧结中，激光功率和扫描速度决定了激光对粉末的加热温度和时间。如果激光功率低而且扫描速度快，则粉末的温度不能达到熔融温度，不能烧结，制件强度低或根本不能成型。如果激光功率高而且扫描速度又很慢，则会引起粉末汽化或使烧结表面凹凸不平，影响颗粒之间、层与层之间的黏结。

在其他条件不变的情况下，当激光功率逐渐增大时，材料的收缩率逐渐升高。这是因为随着功率的增大，加热使温度升高，材料熔融，粉末颗粒密度由小变大，烧结制件收缩增大了。但是当激光功率超过一定值时，随着激光功率的增加，温度升高，表层的材料（如聚苯乙烯等）被烧结汽化，产生离子云，对激光产生屏蔽作用。

2. 扫描间距

激光扫描间距是指相邻两激光束扫描行之间的距离。它的大小直接影响到传输给粉末能量的分布、粉末体烧结制件的精度。在不考虑材料本身热效应的前提下，对聚苯乙烯粉末进行激光烧结。用单一激光束以一定参数对其扫描，在热扩散的影响下，会烧结出一条烧结线，如图 3－15 所示。其中，h 为材料烧结时的熔融深度，W 为熔融宽度；如果激光束反复扫描，烧结线组成的截面如图 3－16 所示，可以通过熔融宽度 W、重叠量 D_w 与光斑直径 d 的关系，找出相邻烧结线之间的重叠系数，由式 3－13 确定重叠部分的宽度与熔融宽度之比。

$$\phi = D_w/W \times 100\% \qquad (3-13)$$

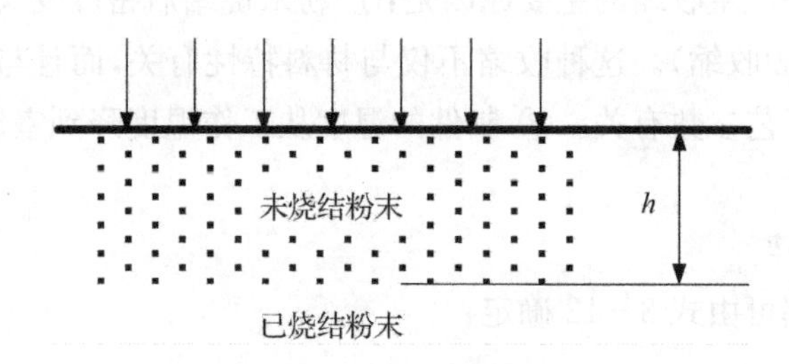

图 3－15　烧结线截面图

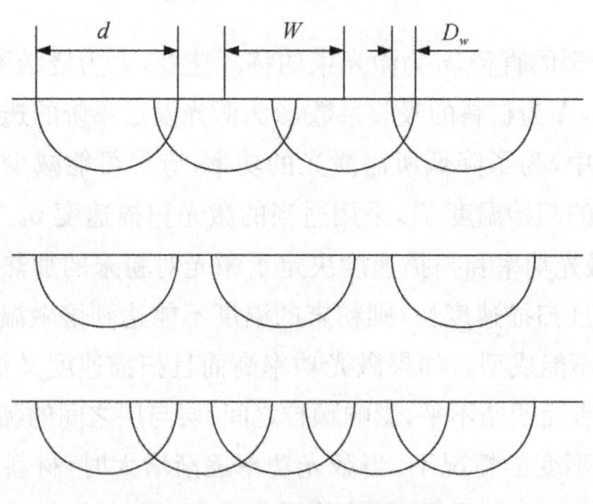

图 3－16　重叠烧结线截面图

(1) 当 $d/2 < W < d$ 时，扫描线的激光能量叠加后，分布基本上是均匀的，此时粉末烧结深度一致，烧结的制件密度均匀，是比较合适的情况。

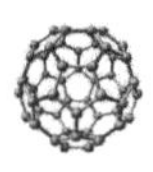

(2) 当 $W>d$ 时，扫描区域彼此分离，激光扫描线和线之间没有连接成片或没有重叠的部分，其相邻区域总的激光能量小于粉末烧结需要的能量，不能使相邻区域的粉末烧结，此时的 ϕ 值为零或过小，导致相邻两个烧结区域之间黏结不牢，烧结制件的表面凹凸不平，严重影响制件的强度。

(3) 当 $W<d/2$ 时，扫描线大部分重叠，此时相邻区域的激光能量可以使该区域的粉末部分重复烧结，ϕ 值过大。激光总能量的分布呈现波峰波谷，能量分布不均匀，因此粉末烧结成型效率降低，并能引起制件较大的翘曲和收缩。

(4) 当 $W\ll d/2$ 时，总的激光能量太大，会引起材料汽化、变形。

当扫描线间距大于激光光斑直径时，固化后的扫描线之间是由激光热影响区未熔融的粉末颗粒材料黏结的。线与线之间的连接强度极小，不能改变扫描线自身的变化趋势，这时扫描线变形方向为线两侧，当扫描间距小于激光光斑直径时，扫描线固化在前一条扫描线的已烧结区域，即两条扫描线部分重叠，此时扫描线的变形由于受到前一条已烧结线的约束，其变形方向向上。特别是烧结制件的底部，由于上面逐层烧结，它一直处于上层粉末烧结的热量中，在收缩和内应力的作用下，导致制件的边缘向中心收缩。

3. 烧结层厚

材料在快速成型机上成型之前，必须对制件的三维 CAD 模型进行 STL 格式化和切片处理，以便得到一系列的截面轮廓。正是这种成型机理，导致烧结制件产生阶梯效应和小特征遗失等误差。

(1) STL 格式化是用许多小的三角形平面片去逼近模型的曲面或平面，若要提高近似的程度，就需要用更多、更小的三角形平面片。但这也不可能完全表达原始设计的意图，离真正的表面还是有一定的距离，而且在边界上产生凹凸现象，这种 CAD 模型网络细化会带来表面形状失真的问题。

(2) 进行 STL 格式转化时，有时会产生一些局部缺陷。例如，表面曲率变化较大的分界处，可能出现锯齿状小凹坑。

(3) 对 STL 文件处理后的 CAD 模型进行切片处理时，由于受材料性能的制约及为达到较高的生产率，切片间距不可能太小，这样会在模型表面造成阶梯效应，而且还可能遗失两相邻切片层之间的小特征结构(如小凸缘、小窄槽等)，造成误差。

4. 制件摆放角度

从成型原理上看，切片过程中，制件模型在坐标系中的方向配置，不仅对激光烧结制件的表面粗糙度有直接的影响，而且与制件成型效率也有很大的关系。

(1) 当CAD模型的表面与直角坐标轴线平行时，不产生阶梯效应；当其表面接近垂直方向，受阶梯效应影响小，而接近水平方向的表面则受阶梯效应的影响严重；当表面与轴线倾斜成角度，阶梯现象明显。由此可见，对于同一个制件，各个表面的粗糙度不一定相同，成型精度会有较大的区别。

(2) 在坐标系中如何摆放制件，与激光烧结成型的效率密切相关，这是因为制件坐标直接影响成型层数。对同一个CAD模型，制件坐标不同，其在成型方向的成型高度就不同，而成型层数由式3-14得到：

$$N = H/t \tag{3-14}$$

式中，H是成型高度，t是层厚。层数越多，铺粉的累计辅助时间越长，烧结时间也越长，成型效率越低。

5. 激光扫描方式及扫描速度

在激光束扫描每一直线时，该扫描线从开始的熔融态到最终固相态的过程中，由于材料形状的改变而引起体积变化，导致扫描线在长度方向上收缩，从而引起扫描线的扭曲变形；在同一激光功率下，扫描速度不同，材料吸收的热量也不同，变形量不同引起的收缩变形也就不同。当扫描速度快时，材料吸收的热量相对少，材料的粉末颗粒密度变化小，制件收缩也小；当扫描速度慢时，材料接触激光的时间长，吸收热量多，颗粒密度变大，制件收缩也大。

6. 烧结制件材料及特性

由于工作温度一般高于室温，当制件冷却到室温时，制件都要收缩。其收缩量主要是由烧结材料和制件的几何形状决定的。在聚苯乙烯烧结成型试验中发现：随着制件的壁厚及尺寸的增大，收缩率也增大；烧结制件的冷却时间越短，收缩率越高；制件结构的角度越小，收缩率越大。

7. 其他因素

(1) 成型机X,Y,Z方向的运动定位误差，以及Z方向工作台的平直度、水平度和垂直度等对成型件的形状和尺寸精度有较大影响。对于平面精度而言，机器误差主要是激光扫描的误差，它取决于系统的定位精度；对于Z向精度而言，Z向累计误差与传动精度和烧结的层数有关，机器误差主要是活塞传动系统的误差。

(2) 成型材料的性能对其加工精度起着决定性的作用。成型过程中材料状

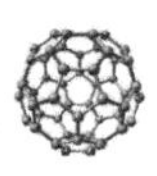

态发生变化，容易引起制件收缩、翘曲变形，导致制件内部产生残余应力，影响制件表面精度和尺寸精度。

(3) 制件后处理对其精度的影响。对成型后的制件需要进行剥离、打磨、抛光和表面喷涂等后处理。如果处理不当，制件形状、尺寸精度会受到很大影响。

3.1.5.3　制件的缺陷及改进措施

SLS各参数之间的组合都会在不同程度上存在着烧结缺陷。一般说来，烧结缺陷有制件表面粗糙度高、制件收缩变形、翘曲等。其中制件表面粗糙度高主要是由激光扫描间距不合适、烧结切片机理或者制件摆放角度等造成，易产生阶梯效应；制件收缩变形主要是由于激光功率过高、扫描间距小、扫描速度慢，使得局部激光功率密度大。针对以上激光烧结制件的缺陷，提出以下改进措施。

1. 提高制件表面精度

(1) 合理地选取工艺参数。根据不同材料的物理化学性能，合理地选取烧结加工的工艺参数。

(2) 寻找提高精度的方法。根据烧结制件的实际精度需求，从根本上寻求提高精度的方法，即在原有的定层厚切片基础上，开发出定精度切片软件。这样可以根据制件的设计精度反求出激光的烧结层厚，经济、合理、高效率地生产制件。

2. 提高制件尺寸精度

(1) 根据不同材料物理化学性能，烧结加工中合理地选择激光烧结功率、激光扫描间距、扫描速度等工艺参数，再通过修正系数减少尺寸的收缩。

(2) 当激光束扫描过后，粉末从熔融状态到固相状态有一定的固化时间。如果在这个时间段内对此再从另一个方向进行扫描，则可以改变其固化取向，使变形方向发生改变，以减少收缩。

(3) 掌握好激光烧结材料的预热温度(一般低于熔融温度2～3 ℃)，减少温差；制件烧结后，降低制件的冷却速度，减少收缩。

(4) 在制件切片及成型时，可以将制件中较大的成型平面放在最底层。

3.1.6　SLS的应用

SLS可以选择不同的材料粉末制造不同用途的模具，用SLS法可直接烧结金属模具和陶瓷模具，用作注塑、压铸、挤塑等塑料成型模及钣金成型模。图3-

17 为采用 SLS 工艺制作的高尔夫球头模具及产品。

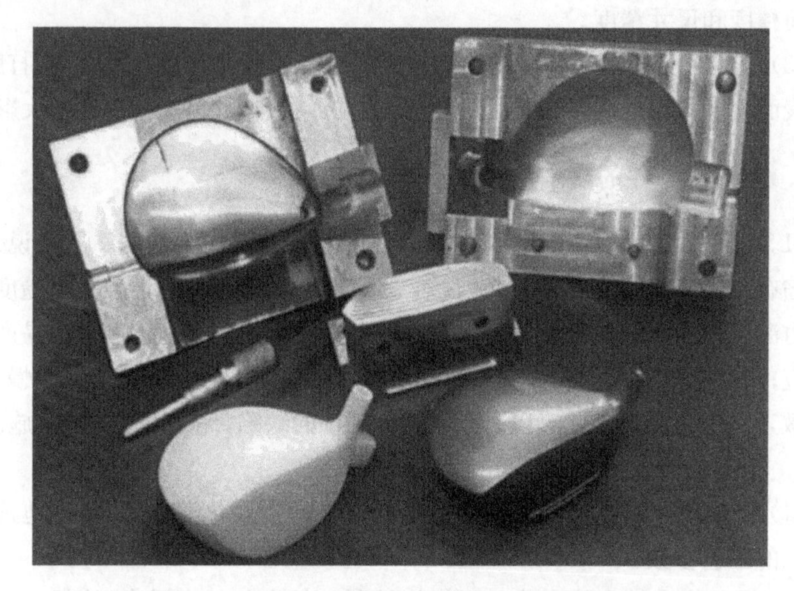

图 3-17　采用 SLS 工艺制作的高尔夫球头模具及产品

将 SLS 与精密铸造工艺结合起来，特别适宜整体制造具有复杂形状的金属功能零件。在新产品试制和零件的单件小批量生产中，不需复杂工装及模具，可大大提高制造速度，并降低制造成本。图 3-18 为基于 SLS 原型由快速无模具铸造方法制作的产品。

图 3-18　基于 SLS 原型由快速无模具铸造方法制作的产品

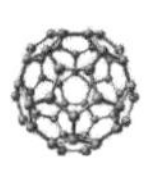

由于 SLS 工艺烧结的零件具有很高的孔隙率，故其在医学上可用于人工骨的制造。根据国外对于用 SLS 技术制备的人工骨进行的临床研究表明，人工骨的生物相容性良好。图 3－19 所示为医学应用的实例。

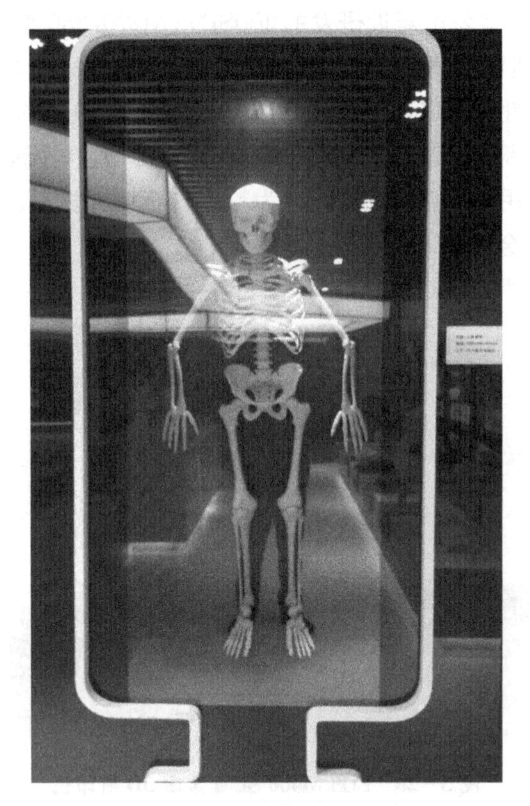

图 3－19　SLS 医学应用实例

3.2　SLM 技术

3.2.1　SLM 技术概述

SLM 的思想最初由德国 Fraunhofer 研究所于 1995 年提出，2002 年该研究所对 SLM 技术的研究取得巨大的成功。世界上第一台 SLM 设备已于 2003 年底由英国 MCP 集团公司下辖的德国 MCP-HEK 分公司推出。为获取全致密的激光成型件，同时也受益于 2000 年之后激光快速成型设备的长足进步(表现为先进高能光纤激光器的使用、铺粉精度的提高等)，粉体完全熔化的冶金机制被用于金属构件的激光快速成型。例如，德国著名的快速成型公司EOS公司，是世界上较早开展金属粉末激光烧结的专业化公司，主要从事SLS金属粉末、工艺及设备研发。而该公司新近研发的EOSINTM270/280型设备，虽继续沿用“烧结”这一表述，但已装配200 W光纤激光器，并采用完全熔化的冶金机制成型金属构件，成型性能得以显著提高。目前，作为SLS技术的延伸，SLM技术正在德国、英国等欧洲国家蓬勃发展。即便继续沿用“选择性激光烧结”(SLS)这一表述，实际所采用的成型机制已转变为粉体完全熔化机制。图3-20为EOS公司推出的SLM金属3D打印机。

图3-20 EOS M400 SLM金属3D打印机

1. SLM成型工艺的优点

(1) 直接制造金属功能件，无须中间工序。

(2) 良好的光束质量，可获得细微聚焦光斑，从而可以直接制造出较高尺寸精度和较好表面光洁度的功能件。

(3) 金属粉末完全熔化，所直接制造的金属功能件具有冶金结合组织，致密度较高，具有较好的力学性能，无须后处理。

(4) 粉末材料可为单一材料也可为多组元材料，原材料无须特别配制。

(5) 可直接制造出复杂几何形状的功能件。

(6) 特别适合于单件或小批量的功能件制造。选择性激光烧结成型件的致密度、力学性能较差；电子束熔融成型和激光熔覆制造难以获得较高尺寸精度的

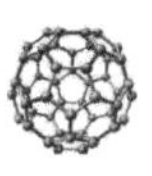

零件；相比之下，选择性激光熔化成型技术可以获得冶金结合、致密组织、高尺寸精度和良好力学性能的成型件，是近年来快速成型的主要研究热点和发展趋势。

2. SLM 成型工艺的缺点

(1) 成型速度较低，为了提高加工精度，需要用更薄的加工层厚。加工小体积零件所用时间也较长，因此难以应用于大规模制造。

(2) 设备稳定性、可重复性还需要提高。

(3) 表面光洁度有待提高。

(4) 整套设备昂贵，熔化金属粉末需要比 SLS 更大功率的激光，能耗较高。

(5) SLM 技术工艺较复杂，需要加支撑结构，考虑的因素多。因此多用于工业级的增材制造。

(6) SLM 过程中，金属瞬间熔化与凝固(冷却速率约 10 000 K/s)，温度梯度很大，产生极大的残余应力，如果基板刚性不足则会导致基板变形。因此基板必须有足够的刚性抵抗残余应力的影响。去应力退火能消除大部分的残余应力。

3.2.2 SLM 成型过程

3.2.2.1 成型工艺

SLM 技术是在 SLS 基础上发展起来的，二者的基本原理类似。选择性激光选区熔化成型过程如图 3-21 所示。SLM 技术需要使金属粉末完全熔化，直接

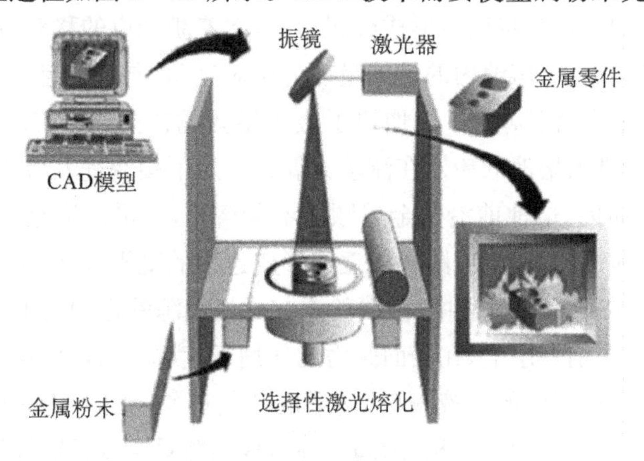

图 3-21　SLM 成型工艺成型过程

成型金属件,因此需要高功率密度激光器激光束开始扫描前,水平铺粉辊先把金属粉末平铺到加工室的基板上,然后激光束按当前层的轮廓信息选择性地熔化基板上的粉末,加工出当前层的轮廓,然后可升降系统下降一个层厚的高度,滚动铺粉辊再在已加工好的当前层上铺金属粉末,设备调入下一图层进行加工,如此层层加工,直到整个零件加工完毕。整个加工过程在真空或通有保护气体的加工室中进行,以避免金属在高温下与其他气体发生反应。

3.2.2.2 熔化机理

SLM成型材料多为单一组分金属粉末,包括奥氏体不锈钢、镍基合金、钛基合金、钴-铬合金和贵重金属等。激光束快速熔化金属粉末并获得连续的熔道,可以直接获得几乎任意形状、具有完全冶金结合、高精度的近乎致密金属零件。

为了保证金属粉末材料的快速熔化,SLM技术需要高功率密度激光器,光斑聚焦到几十微米到几百微米。SLM技术目前最常使用光束模式优良的光纤激光器的激光功率在50 W以上,功率密度达5×10^6 W/cm^{2}以上。

SLM成型步骤可归纳为由线到面再到体的成型过程。激光熔化成型过程一般可分为三个阶段:

(1) 在高激光能量密度作用下,部分颗粒表面局部熔化,粉末颗粒表面微熔液相使颗粒之间具有相互的引力作用,使表面局部熔化的颗粒黏结相邻的颗粒,此时产生微熔黏结的特征。

(2) 金属粉末颗粒吸收能量也进一步增加,表面部分熔化量相应增多,熔化的金属粉末达到一定数量以后形成金属熔池,随着激光束的移动,在以体积力和表面力为主的驱动下,熔池内的熔体呈现为相对流动,同时引起粉末飞溅。

(3) 熔体在熔池中对流不仅加快了金属熔体的传热,而且还将熔池周围的粉末黏结起来,进入熔池的粉末在流动力偶的作用下很快进入熔池内部,沿激光移动方向的截面内,熔池前沿的金属颗粒不断熔化,后沿的液相金属持续凝固,随着激光束向前运动,在光束路径内逐步形成连续的凝固线条,实现成型。

SLM技术在成型的过程中,金属粉末在激光热源的作用之下温度急剧升高而熔化后,铺展在前一层上,在表面张力的作用下,表面能减小,连续的熔化道倾向于分裂成许多接近球形的液滴,从而形成球化现象。已熔化的金属粉末与未熔化的金属粉末之间(即固液相)的润湿性对成型质量起到关键性的作用。润湿性较好可以防止球化现象的产生,从而可以提高制件的致密度。激光能量与粉

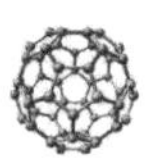

末材料之间的能量转化遵循如下能量守恒定律：

$$E_0 = E_{反射散热} + E_{吸收} + E_{传导散热} \tag{3-15}$$

其中，E_0表示激光能量，式中可以看出激光能量作用于粉末时，分散为三种形式：① 激光能量在射入金属粉末时被粉末表面所反射的能量；② 直接被金属粉末吸收的能量；③ 传递到粉末下部的能量。传热图如图 3－22 所示。其中被粉末吸收的能量直接被利用使金属粉末熔化，传导至下端的热量被下端材料吸收，从而使烧结出现一定的层厚，也达到了间接利用，而反射的热量没有被金属粉末所利用，而是起到了加热成型周围环境的作用。

所以，对于 SLM 成型金属零件，金属粉末只能吸收激光能量的一部分使其表层温度升高，一般金属粉末在 0.01～0.1 mm 厚度范围内才可以直接吸收激光能量，其金属内部温度的升高通过热传递进行，对于金属粉末来说，直接吸收的能量较少，激光利用率也较低。

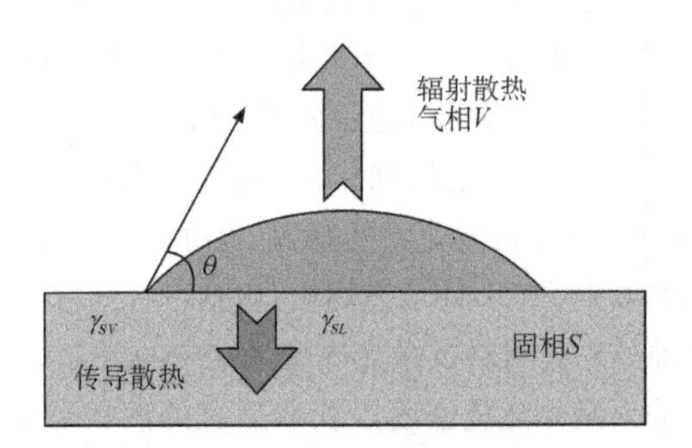

图 3－22　SLM 成型过程中的传热示意图

气液固三相在接触点处达到平衡状态，此时

$$\gamma_{SV} = \gamma_{SL} + \gamma_{LV}\cos\theta \tag{3-16}$$

则

$$\cos\theta = \frac{\gamma_{SV} - \gamma_{SL}}{\gamma_{LV}} \tag{3-17}$$

式中，γ_{SV} 为气固两相界面张力，γ_{SL} 为固液两相界面张力，γ_{LV} 为气液两相界面张力，θ 为固液润湿角。

当润湿角 $\theta < 90°$时，固相才能被液相润湿，且角度越小，润湿越完全，当 $\theta = 0°$时，完全润湿；当 $\theta > 90°$时，会有球化现象发生。润湿角度越大，球化越明显；当 θ 增大到 180°，液相与固相完全脱离，此时没有发生润湿。所以为了获得较好的烧结工艺，必须有合理的润湿角度。

3.2.3 SLM 工艺成型质量影响因素

激光选区成型件中，铁基合金（主要是钢）SLM 成型研究较多，但 SLM 成型工艺尚需优化，成型性能尚需进一步提高；对 SLM 成型性能，特别是占基础地位的致密度，目前 SLM 成型的钢构件通常难以实现全致密。解决钢材料 SLM 成型的致密化问题，是快速成型研究的关键性瓶颈问题。钢材料激光成型的难易程度，主要取决于钢中主要元素的化学特性。基体元素铁及合金元素铬对氧都具有很强的亲和性，在常规粉末处理和激光成型条件下很难彻底避免氧化现象。因此，在 SLM 过程中，钢熔体表面氧化物等污染层的存在，将显著降低润湿性，引起激光熔化特有的冶金缺陷球化效应及凝固微裂纹，从而显著降低激光成型致密度及相应的机械性能。另外，钢中碳含量是决定激光成型性能的又一个关键因素。通常，过高的碳含量将对激光成型产生不利影响，随碳含量升高，熔体表面碳元素层的厚度亦会增加。这与氧化层的不利影响类似，也会降低润湿性，导致熔体铺展性降低，并引起球化效应。此外，在晶界上形成的复杂碳化物会增大钢材料激光成型件的脆性。因此，通常对钢材料 SLM 成型，需提高激光能量密度及 SLM 成型温度，可促进碳化物的溶解，也可使合金元素均匀化。

一般可通过粉体材料及 SLM 工艺优化，包括：

(1) 严格控制原始粉体材料及激光成型系统中的氧含量以改善润湿性。

(2) 合理调控输入激光能量密度以获取适宜的液相黏度及其流变特性，可有效抑制球化效应及微裂纹形成，进而获取近全致密结构。

3.2.4 SLM 的应用

目前 SLM 技术主要应用在工业领域，在复杂模具、个性化医学零件、航空航天和汽车等领域具有突出的技术优势。

美国航天公司 SpaceX 开发载人飞船 SuperDraco 的过程中，利用了 SLM 技术制造了载人飞船的引擎，如图 3－23。SuperDraco 引擎的冷却道、喷射头、节流阀等结构的复杂程度非常之高，3D 打印很好地解决了复杂结构的制造问题。SLM 制造出的零件的强度、韧性、断裂强度等性能完全可以满足各种严苛的要求，使得 SuperDraco 能够在高温高压环境下工作。

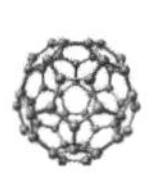

图 3 - 23　SpaceX 公司利用 SLM 技术制造的载人飞船引擎

图 3 - 24 为利用 SLM 技术打印的钛合金叶片等零件。

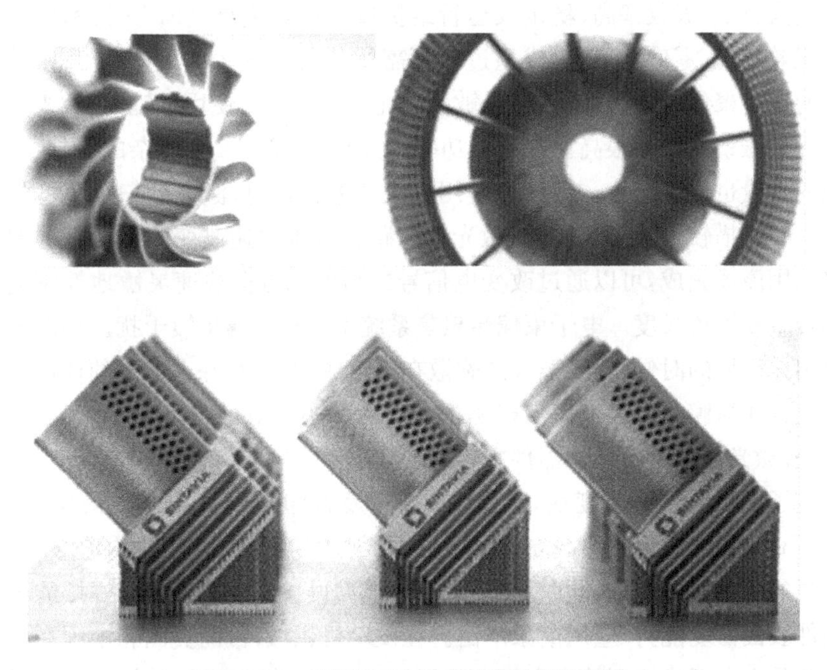

图 3 - 24　利用 SLM 技术打印的航天零件

3.3 EBM技术

3.3.1 EBM技术概述

瑞典ARCAM公司与清华大学电子束开发的选区熔化(EBM)利用电子束熔化铺在工作台面上的金属粉末,与激光选区熔化技术类似,利用电子束实时偏转实现熔化成型,该技术不需要二维运动部件,可以实现金属粉末的快速扫描成型。

电子束直接金属成型技术采用高能电子束作为加工热源,扫描成型可通过操纵磁偏转线圈进行,没有机械惯性,且电子束具有的真空环境还可避免金属粉末在液相烧结或熔化过程中被氧化。电子束与激光相比,具有能量利用率高、作用深度大、材料吸收率高、稳定及运行维护成本低等优点。EBM技术优点是成型过程效率高,零件变形小,成型过程不需要金属支撑,微观组织更致密等。电子束的偏转聚焦控制更加快速、灵敏。激光的偏转需要使用振镜,在激光进行高速扫描时振镜的转速很高。在激光功率较大时,振镜需要更复杂的冷却系统,而振镜的重量也显著增加。因而在使用较大功率扫描时,激光的扫描速度将受到限制。在扫描较大成型范围时,激光的焦距也很难快速改变。电子束的偏转和聚焦利用磁场完成,可以通过改变电信号的强度和方向快速灵敏地控制电子束的偏转量和聚焦长度。电子束偏转聚焦系统不会被金属蒸镀干扰。用激光和电子束熔化金属的时候,金属蒸气会弥散在整个成型空间,并在接触的任何物体表面镀上金属薄膜。电子束偏转聚焦都是在磁场中完成,因而不会受到金属蒸镀的影响;激光器振镜等光学器件则容易受到蒸镀污染。

电子束快速成型速度快,是目前3D金属打印类中打印速度最快的,可达15 kg/h,设备工业化成熟度高,基本可由货架产品组合,生产线构建成本低,具有很强的工业普及基础,同时,电子束快速成型设备还具有一定的焊接能力和金属构件表面修复能力,应用前景广泛。在发动机领域,目前美国和中国在电子束控制单晶金属近净成型技术方面正积极研究,一旦获得突破,传统的单晶涡轮叶片生产困难和生产成本高的问题将获得极大的改善,从而大大提高航空发动机的性能,并对发动机研制改进等提供极大的助力。

3.3.2 EBM 成型过程

如图 3－25 所示，EBM 成型过程类似激光选区烧结和激光选区熔化工艺，电子束选区熔化技术(EBSM)是一种采用高能高速的电子束选择性地轰击金属粉末，从而使得粉末材料熔化成型的快速制造技术。EBSM 技术的工艺过程为：先在铺粉平面上铺展一层粉末；然后，电子束在计算机的控制下按照截面轮廓的信息进行有选择的熔化，金属粉末在电子束的轰击下被熔化在一起，并与下面已成型的部分黏结，层层堆积，直至整个零件全部熔化完成；最后，去除多余的粉末便得到所需的三维产品。上位机的实时扫描信号经数模转换及功率放大后传递给偏转线圈，电子束在对应的偏转电压产生的磁场作用下偏转，达到选择性熔化。经过十几年的研究发现，对于一些工艺参数如电子束电流、聚焦电流、作用时间、粉末厚度、加速电压、扫描方式进行正交实验，作用时间对成型影响最大。

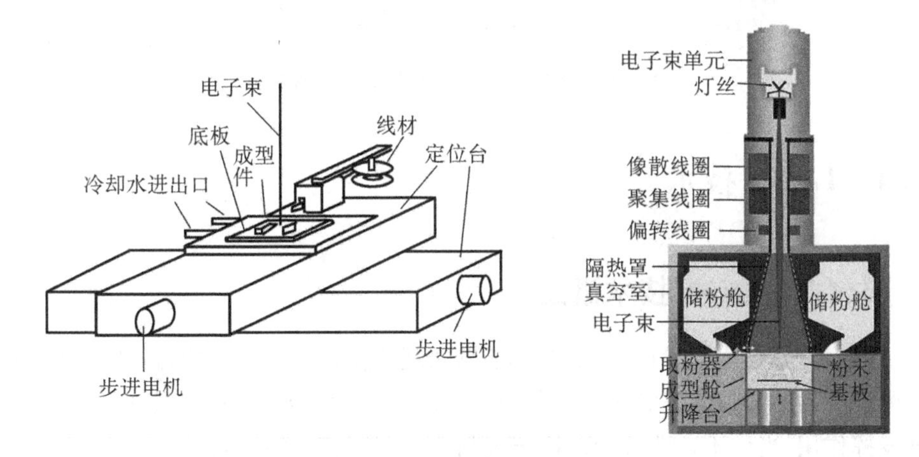

图 3－25　EBM 成型工艺过程

3.3.3 EBM 的应用

中国从 20 世纪 90 年代末期获得大功率电子束技术后积极开展了丝束增材成型的研究，2006 年后正式成立电子束快速成型研究分部，在材料类型、快速稳定的熔融凝固、大型结构变形控制等方面取得进展，目前，已经能开始使用该技术生产飞机零件，并在一些重点型号的研制中得以应用。电子束快速成型技术目前还有一些技术难点尚待进一步研究，比如成型过程中废热高，金属构件中金相结构控制较为困难,特别是成型时间长,先凝固的部分经受的高温时间长,对金属晶态成长控制困难,进而引起大尺度构件应力复杂,等等。电子束成型对复杂腔体、扭转体、薄壁腔体等成型效果不佳,它的成型点阵精度在毫米级,所以成型以后仍然需要传统的精密机械加工,也需要传统的热处理。

在医疗行业,作为膝盖置换市场的重要参与者,意大利医疗器械生产商 Lima Corporate 已经配备了 15 台 EBM 3D 打印设备,全部用来生产关节置换植入物。如图 3-26 所示。

图 3-26 EBM 技术打印的关节置换植入物

3.4 LENS 技术

3.4.1 LENS 技术概述

自 LENS 技术问世以来,因为其能够实现梯度材料、复杂曲面修复等功能而深受工业界的宠爱。凭借这些优势,LENS 技术在大型器件的修复上正在不断地发挥作用,当仁不让地成为链接传统制造与 3D 打印的桥梁。

LENS 技术是由许多大学和机构分别独立进行研究的,因此这一技术的名称繁多。LENS 技术也叫激光熔化沉积(laser melting deposition,LMD),美国密歇根大学称为直接金属沉积(direct metal deposition,DMD),英国伯明翰大学称为直接激光成型(directed laser fabrication,DLF),中国西北工业大学黄卫东教授称其为激光快速成型(laser rapid forming,LRF)。美国材料与试验协会(ASTM)标准中将该技术统一规范为金属直接沉积制造(directed energy deposition,DED)技术的一部分。图 3-27 为 LENS 技术正在修复物体表面。

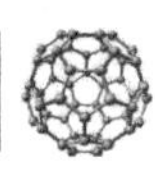

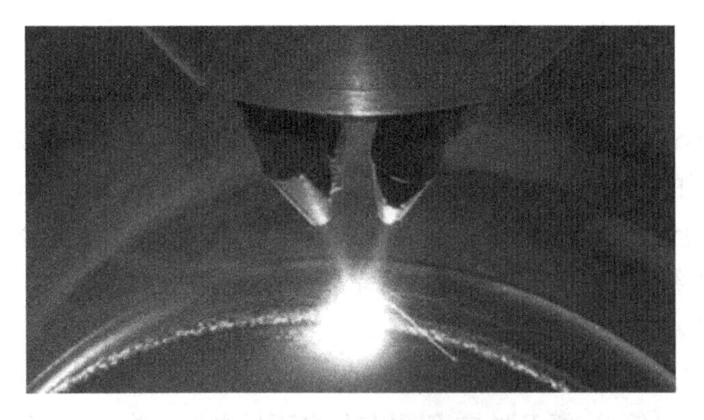

图3-27　LENS技术正在修复物体表面

LENS技术使用的是千瓦级的激光器，由于采用的激光聚焦光斑较大，一般在1 mm以上，虽然可以得到冶金结合的致密金属实体，但其尺寸精度和表面光洁度都不太好，需进一步进行机加工后才能使用。激光熔覆是一个复杂的物理、化学冶金过程，熔覆过程中的参数对熔覆件的质量有很大的影响。激光熔覆中的过程参数主要有激光功率、光斑直径、离焦量、送粉速度、扫描速度、熔池温度等，它们对熔覆层的稀释率、裂纹、表面光洁度以及熔覆零件的致密性都有着很大影响。同时，各参数之间也相互影响，是一个非常复杂的过程。必须采用合适的控制方法将各种影响因素控制在熔覆工艺允许的范围内。

1. LENS成型工艺的优点

(1) LENS技术可以实现金属零件的无模制造，节约成本，缩短生产周期。

(2) 该技术解决了复杂曲面零部件在传统制造工艺中存在的切削加工困难、材料去除量大、刀具磨损严重等一系列问题。

(3) LENS技术是无须后处理的金属直接成型方法，成型得到的零件组织致密，力学性能很高，并可实现非均质和梯度材料零件的制造。

2. LENS成型工艺的缺点

(1) 粉末材料利用率较低。

(2) 成型过程中热应力大，成型件容易开裂，成型件的精度较低，可能会影响零件的质量和力学性能。

(3) 由于受到激光光斑大小和工作台运动精度等因素的限制，所直接制造的功能件的尺寸精度和表面光洁度较差，往往需要后续的机加工才能满足使用要求。

3.4.2 LENS成型过程

在LENS技术过程中，计算机首先将三维CAD模型按照一定的厚度切片分层，每一层的二维平面数据转化为打印设备数控台的运动轨迹。高能量激光束会在底板上生成熔池，同时将金属粉末同步送入熔池中并快速熔化凝固，使之由点到线、由线到面的顺序凝固，从而完成一个层截面的打印工作。这样层层叠加，制造出近净形的零部件实体。

LENS工艺中，常见的有同轴送粉和侧向送粉两种方式，如图3-28所示，侧向送粉方式设计简单、便于调节，但也有很多不足之处。首先，由于激光束沿平面任意曲线扫描时，曲线上各点的粉末运动方向与激光束扫描速度方向间的夹角不一致，导致熔覆层各点的粉末堆积形状发生变化，直接影响熔覆层的表面精度和均匀一致性，造成熔覆轨迹的粗糙与熔覆厚度和宽度的不均，很难保证最终零件的形状和尺寸符合要求。其次，送粉位置与激光光斑中心很难对准，这种对位是很重要的，少量的偏差将会导致粉末利用率下降和熔覆质量的恶化。再次，采用侧向送粉方式，激光束起不到粉末预热和预熔化的作用，激光能量不能被充分利用，容易出现黏粉、欠熔覆、非冶金结合等缺陷。还有，侧向送粉方式只适合于线性熔覆轨迹的场合，如只沿着 X 方向或 Y 方向运动，不适合复杂轨迹的运动。

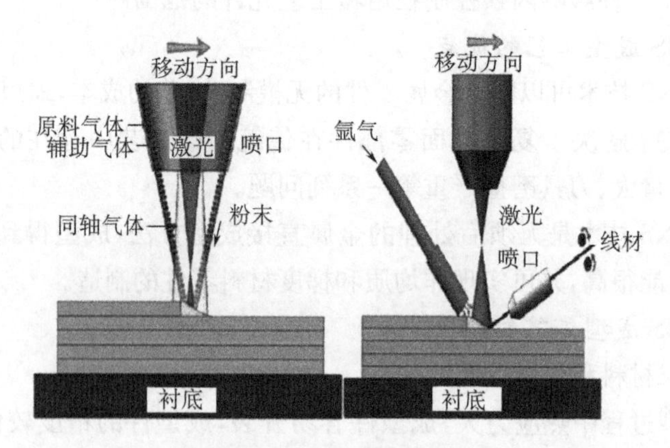

图3-28　LENS成型工艺过程

另外，侧向送粉只适合于制造一些壁厚零件，这是由于侧向送粉喷嘴喷出的粉末是发散的，而不是会聚的，不利于保证成型薄壁零件的精度。当粉末输送方向与基材运动方向相同或相反时，熔覆层形状明显受粉末输送方向与基材运动

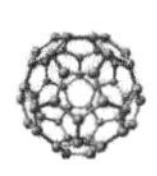

方向的影响。此外，如果粉末输送方向与基材运动方向垂直，熔覆层形状会与两者方向平行时得到的形状差别更大。因此，侧向送粉具有明显的方向性，熔覆层几何形状随运动方向不同而发生改变。同轴送粉则克服了上述的缺点，激光束和喷嘴中心线处于同一轴线上，这样尽管扫描速度方向发生变化，但是粉末流相对工件的空间分布始终是一致的，能得到各向一致的熔覆层，还由于粉末的进给和激光束是同轴的，故能很好地适应扫描方向的变化，消除粉末输送方向对熔覆层形状的影响，确保制造零件的精度，而且粉末喷出后呈会聚状，因此可以制造一些薄壁零件，解决了熔覆成型零件尺寸精度的问题，这在薄壁零件的熔覆过程中优势非常明显。由此可见，同轴送粉方式有利于提高粉末流量和熔覆层形状的稳定性与均匀性，从而改善金属成型件的精度和质量。

3.4.3　LENS 的应用

LENS 的实质是计算机控制下金属熔体的三维堆积成型。金属粉末在喷嘴中即已处于加热熔融状态，故其特别适于高熔点金属的激光快速成型。事实上，美国 Sandia 国家实验室在美国能源部资助下，在 LENS 开发初期，就将其定位于直接精密制造航空航天、军事装备领域的复杂形状高熔点金属零部件；并以此为基础，将成型材料体系拓展为工具钢、不锈钢、钛合金、镍基高温合金等。美国 Sandia 国家实验室开展的复杂零件 LENS 成型研究工作，成型零件综合机械性能接近甚至优于传统工艺制备的相关零件；但限于国防安全保密，目前相关技术细节很少有公开报道。特别需要说明的是，通过调节送粉装置，逐渐改变粉末成分，可在同一零件的不同位置实现材料成分的连续变化，因此 LENS 在加工异质材料（如功能梯度材料）方面具有独特优势，图 3-29 为 LENS 加工现场图。

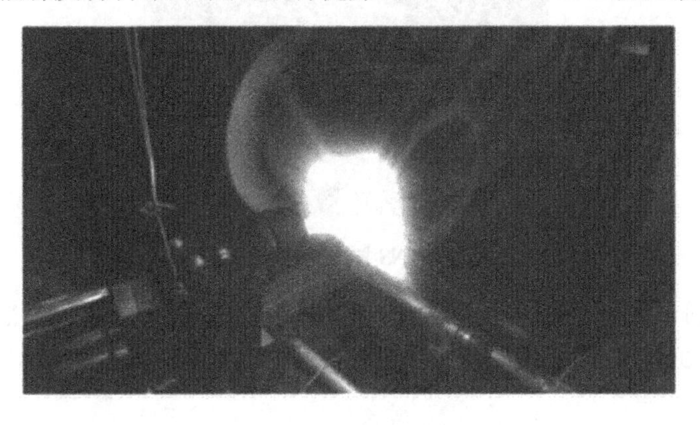

图 3-29　LENS 技术加工

LENS 技术主要应用于航空航天、汽车、船舶等领域，用于制造或修复航空发动机和重型燃气轮机的叶轮叶片以及轻量化的汽车零部件等。LENS 技术可以实现对磨损或破损的叶片进行修复和再制造的过程，从而大大降低叶片的制造成本，提高生产效率。图 3－30 利用 LENS 技术制造发动机叶片，图 3－31 利用 LENS 技术对破损的零件进行修复。

图 3－30　利用 LENS 技术制造发动机叶片

图 3－31　利用 LENS 技术对破损的零件进行修复

由于粉末激光增材制造中不可避免的缺陷，比如粉末的利用率很低（20%～30%），粉末的污染问题，粉末相对昂贵的价格等，而送丝式激光增材制造不仅材料

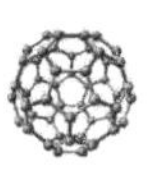

利用率很高(几乎100%),没有粉尘污染,对设备的要求比较低,更加具有经济性,因此,近些年来,一些机构已经开始将目光转移到送丝的增材制造技术研究上来。目前,应用最多的还是采用TIG电弧熔丝的方式,而用激光的很少。综上所述,目前国外关于送丝式的激光增材制造研究比较少,而采用TIG电弧熔丝的方式研究较多,国内在这方面的研究还未有报道。一般地,采用TIG电弧熔丝方法制备的材料抗拉强度和屈服强度低于激光增材制造技术,而延伸率要比激光的高。组织结构上,TIG电弧熔丝方法制备的钛合金主要以网篮组织为主,而用激光增材制造的以魏氏组织为主,这是由它们不同的能量特点和输入方式造成的。

送粉式在工艺窗口和内部缺陷等方面均优于送丝式,送粉式的激光增材制造大大减少了所需的激光功率阈值。采用送丝式时随着激光功率的增大,沉积层的高度呈线性下降,影响成型效率,此时必须加大送丝速度,但送丝速度的增加又会带来送丝稳定性的问题。因此,激光功率、送丝速度、扫描速度这三者之间的参数匹配对送丝成型很重要。而送粉式在增大功率时,高度基本不变。尺寸精度方面,送粉式在厚度方向除了底部较窄外,其他地方厚薄均匀,侧壁非常平直;长度方向上,熔池未下淌,成型较平直。送丝式在厚度方向上厚薄较均匀,但由于丝的刚性扰动和丝与光的对中性要求比较苛刻,因而容易出现丝和光的微小偏离,从而使侧壁成型不是很平直,出现了弯曲;在长度方向上,在激光开始和结束的地方,出现了沉积层的倾斜与下淌,这是由于激光功率较送粉的大,同时由于激光停止出光前就先停止送丝,因而在收尾处激光单纯地作用在沉积层上,造成沉积层熔池的下淌。综上所述,在工艺窗口、内部缺陷、尺寸精度和表面精度方面,送粉式的要优于送丝式的;在效率和经济性方面,送丝式具有突出性的优势。

1. 简述SLS的成型过程及优缺点。
2. 简述SLM的成型过程及优缺点。
3. 简述EBM的成型过程及优缺点。
4. SLS包括哪些后处理方式?

第4章 三维印刷成型

三维印刷成型(three dimensional printing,3DP)工艺分为粉末黏结 3DP 工艺与微喷光固化 3DP 工艺,本章以粉末黏结 3DP 工艺为例进行重点介绍。3DP 工艺和 SLS 工艺相似,但固化方式不同:首先铺粉作为基底,按照原型零件分层截面轮廓,喷头在每一层铺好的材料上有选择性地喷射黏合剂,喷过黏合剂的粉末材料被黏结在一起,其他地方仍为松散粉末,层层黏结后去除未黏结的粉末就得到了一个三维实体。工作过程中喷射方式类似于普通喷墨打印机,3DP 使用的粉末材料包括金属粉末、陶瓷粉末、石膏粉末、塑料粉末等。

4.1 概述

3DP 工艺技术由麻省理工学院(MIT)的 Emanual Sachs 等人率先提出,并于 1989 年申请了专利。1992 年,Sachs 等人采用喷墨技术实现黏结溶液的选择性喷射,逐层黏结粉末,最终获得三维实体,成型完成后进行烧结以提高制件的强度。

美国 Z Corp 公司在得到美国麻省理工学院的 3DP 成型的授权后,自 1997 年以来陆续推出了一系列 3DP 打印机,后来该公司被 3D Systems 收购。图 4-1为其中一款产品,主要以淀粉掺蜡或环氧树脂为粉末原料,将黏结溶液喷射到粉末层上,逐层黏结成型所需原型制件。

基于喷射技术的 3DP 成型同样受到国内学者的关注。西安交通大学、天津大学、清华大学、中国科技大学、华中科技大学、南京师范大学等国内许多高校对 3DP 工艺开展了深入研究,并在一些领域形成了自己的特点。

图 4－1　Zcorp Z860

1. 3DP 成型工艺的优点

（1）易于操作，可用于办公环境，作为计算机的外围设备之一。

（2）可使用多种粉末材料及色彩黏合剂，制作彩色原型，这是该技术最具竞争力的特点之一。

（3）不需要支撑，成型过程不需要单独设计与制作支撑，多余粉末的支撑去除方便，因此尤其适合于做内腔复杂的原型制件。

（4）成型速度快，完成一个原型制件的成型时间有时只需半小时。

（5）不需要激光器，设备价格比较低廉。

2. 3DP 成型工艺的缺点

（1）精度和表面光滑度不太理想，可用于制作人偶和产品概念模型，不适合制作结构复杂和细节较多的薄型制件。

（2）由于黏合剂从喷嘴中喷出，黏合剂的黏结能力有限，原型的强度较低，比较适合做概念模型。

（3）原材料（粉末、黏合剂）价格昂贵。

4.2 3DP 成型过程

4.2.1 3DP 成型工艺

3DP 工艺的成型过程如图 4-2 所示：滚筒将储料桶送出的粉末在加工平台上铺撒一薄层，喷嘴依照 3D 计算机模型切片后定义出来的形状喷出黏合剂，黏结粉末。加工完一层后，加工平台自动下降一个层厚的高度，储料桶上升一个层厚的高度，滚筒继续将储料桶送出的粉末推至工作平台形成薄层，喷黏合剂，……如此循环直至得到所要加工的零件。

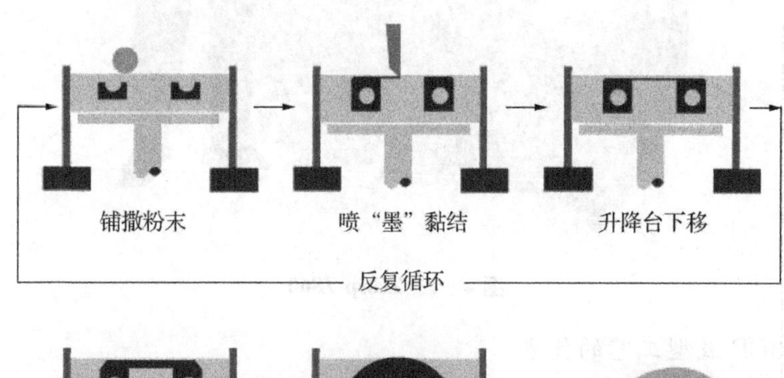

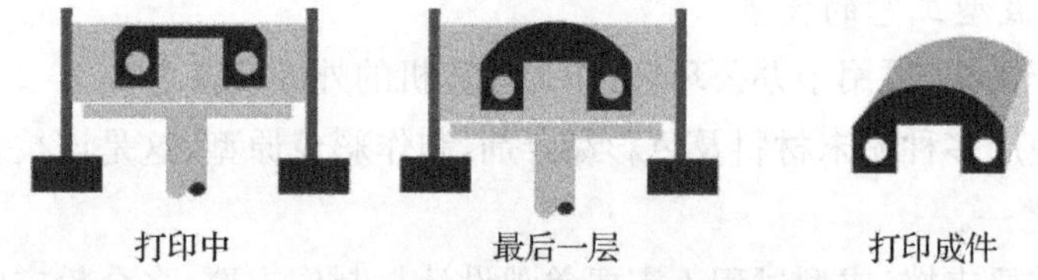

图 4-2 3DP 工艺成型过程

原型件加工完成后，完全埋没于工作台的粉末中，在进行后处理操作时，操作人员要小心地把工件从工作台中挖出来，再用气枪等工具吹走原型件表面的粉末。一般刚成型的原型件很脆弱，在压力作用下会粉碎，所以原型件完成后需涂上一层蜡、乳胶或环氧树脂等固化渗透剂以提高其强度。

4.2.2 3DP 后处理

在 3DP 成型工艺中，打印完成后的模型是完全埋在成型槽的粉末材料中的。一般需待模型在成型槽的粉末中保温一段时间后方可将其取出，如图 4-3

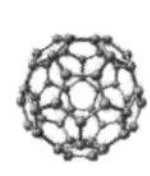

所示。从成型槽中取出的模型其表面以及内部会粘有粉末材料，需要用毛刷或气枪将其表面清理干净。为了能使模型具有一定的强度，需要对模型注入一定量的固化渗透剂，再将模型晾干即可。

图 4－3　3DP 后处理

4.3　3DP 系统组成

3DP 系统结构如图 4－4 所示，主要由喷墨系统、*XYZ* 运动系统、成型工作缸、供料工作缸、铺粉辊装置和余料回收袋等组成。铺粉辊装置首先将供料工作缸中的粉末送至成型工作缸，并在工作台（或基底）上铺撒一薄层，喷墨系统在计算机控制下，随 *XYZ* 运动系统扫描工作台，并根据各层轮廓信息供应黏合剂，有选择性地喷射到粉末上。加工完一层后，工作台自动下降一个层厚的高度，供料工作缸上升一个层厚的高度，滚筒继续在工作台上铺一薄层，……如此循环直至得到所要加工的零件。

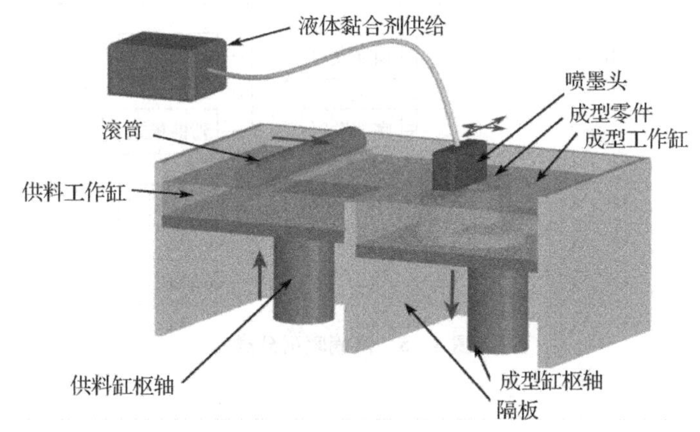

图 4－4　3DP 系统结构

4.3.1 喷墨系统

3DP工艺喷墨系统采用与喷墨打印机类似的技术，但喷头喷射出的不是普通墨水，而是一种黏合剂。喷头将这些黏结材料按层状打印数据喷射出来，将粉末黏结形成一个截面，并与已生成的截面黏结在一起，最后堆积成一个完整的原型。

3DP工艺的喷墨技术可分为连续式和按需滴落式两大类，后者较为常用，如图4-5所示。液滴喷射的发展历史可追溯至1878年，Lord Rayleigth最先提出将水柱变成液滴(droplet)的概念。Elmgvist(1951)发明了第一套商业用途的喷墨喷射记录器(inkjet chart recorder)。从20世纪70年代初始，IBM(1977)推出连续式喷墨(continuous ink jet)打印机，Zoltan等(1974)则发明了按需滴落式(drop on demand)喷射技术，Canon公司的Endo和Hara(1979)发明了发泡式喷墨技术(bubblc jet)，HP公司的John Vaught(1984)亦独立研发出类似技术，称之为热喷射(thermal jet)。目前，液滴喷射主要有连续喷射和按需滴落两种，按需滴落喷射又可分为压电式、热发泡式、静电和超声波等。

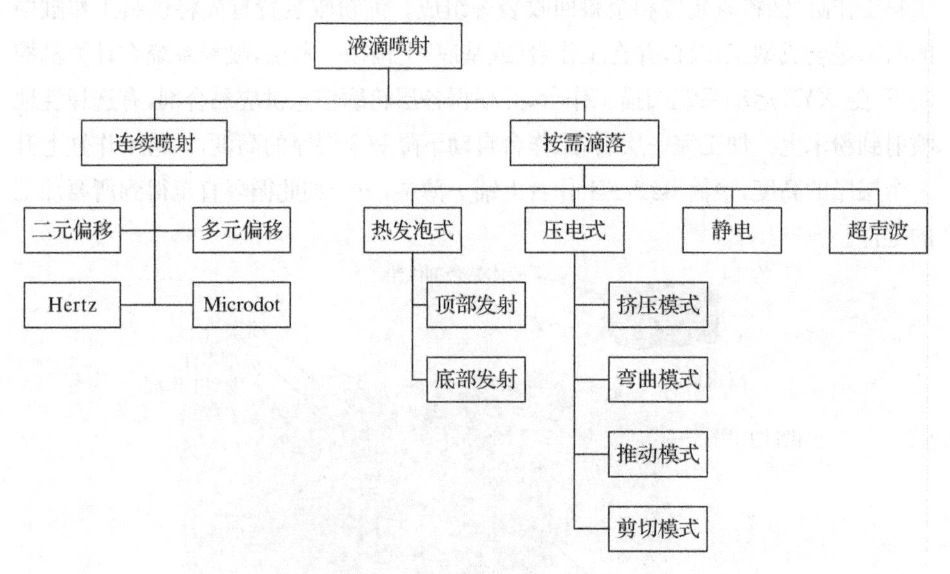

图4-5 液滴喷射分类

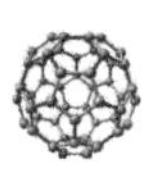

1. 连续式喷墨技术

连续式喷墨头结构如图 4－6 所示。其墨水流经加压喷出、振动、分解成小墨滴后，经过一电场，由于静电作用，小墨滴在飞越此电场后不论是否带电荷，均直线向前飞行。在通过偏离电场时，电荷量大的小墨滴会受到较强的吸引，而有较大的偏转幅度；反之，则偏转幅度较小。而不带电的墨滴将积于集墨沟内回收。

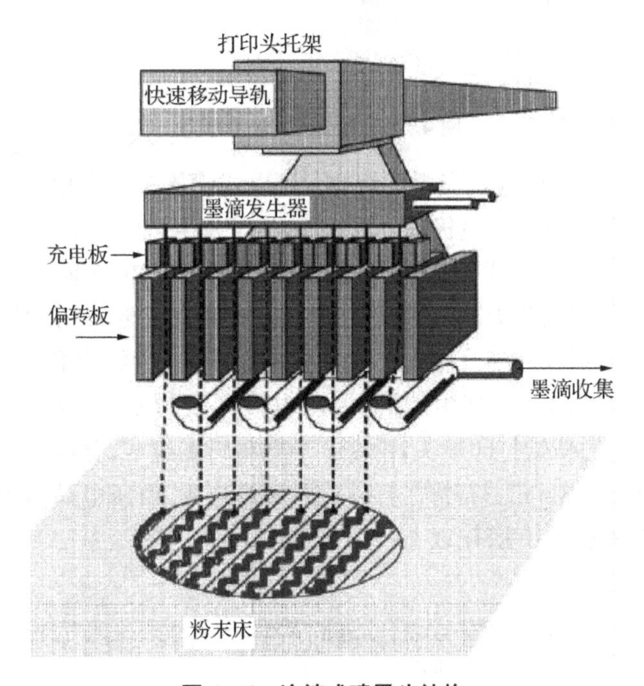

图 4－6　连续式喷墨头结构

2. 按需滴落式喷墨技术

目前流行的按需滴落式喷墨技术主要有热发泡式和压电式两种。图 4－7 为热发泡式喷墨原理图。将墨水装入一个非常微小的毛细管中，通过一个微型的加热垫迅速将墨水加热到沸点。这样就生成了一个非常微小的蒸气泡，蒸气泡扩张就将一滴墨水喷射到毛细管的顶端。停止加热，墨水冷却，蒸气凝结收缩，从而墨水停止流动，直到下一次再产生蒸气并生成一个墨滴。

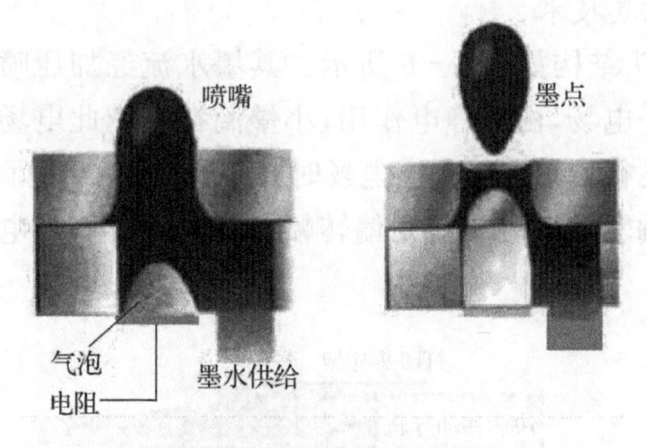

图 4-7　热发泡式喷墨原理

图 4-8 所示为压电式喷墨头结构。压电式喷墨头是利用压电陶瓷的压电效应。当压电陶瓷的两个电极加上电压后，振子发生弯曲变形，对腔体内的液体产生一个压力，这个压力以声波的形式在液体中传播。在喷嘴处，如果这个压力可以克服液体的表面张力，其能量足以形成液滴的表面能，则在喷嘴处的液体就可以脱离喷嘴而形成液滴。压电式按需滴落喷头有 4 种结构形式，即挤压式、弯曲式、剪切式和推动式。其中，弯曲式压电喷头较为常用，图 4-9 所示的是 Tektronix 公司的喷蜡打印喷头，由 352 个微型喷嘴组成，分成 88 列，每列 4 个喷嘴，列间距为 2.3 mm。石蜡在打印头内加热液化，由压电晶体控制喷嘴向外喷射，喷射频率可达 10 kHz 以上。

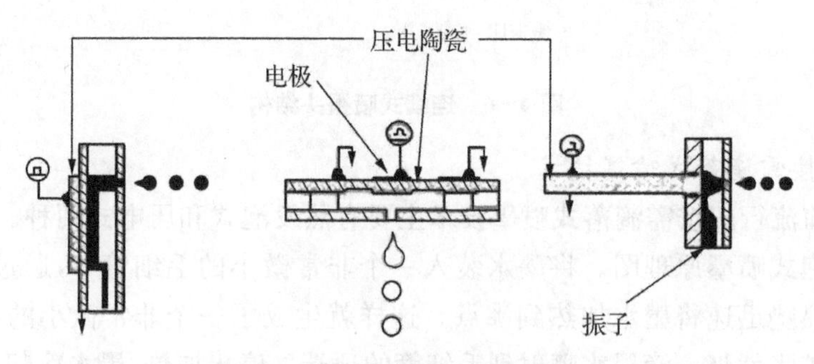

图 4-8　压电式喷墨头结构

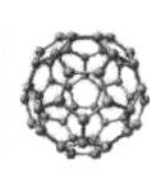

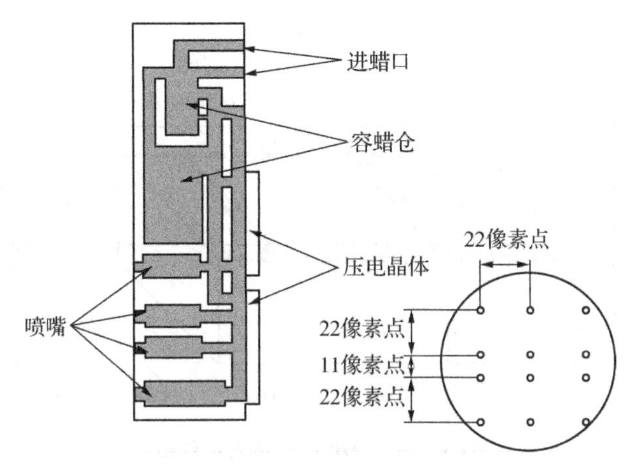

图 4－9　Tektronix 喷蜡打印喷头

在 3DP 领域研究中，一般都采用热发泡式喷嘴喷射成型材料或者黏结材料，通过加热产生热气泡的方式喷射微滴。这种方式不可避免地对喷射的材料性质产生影响，特别是对 3DP 在生物、制药等新兴领域的应用约束较大。由此，在 3DP 中采用压电式喷嘴喷射产生微滴的设想，避免了喷射时的加热问题，而且基于压电式喷墨打印机开发了新型的三维打印快速成型系统，降低了设备费用。采用压电式的喷嘴或喷头(由多个阵列喷嘴组成的微喷装置)越来越多地得以应用，如 Objet 公司开发的微喷光固化 3DP 工艺及 Eden 系列、Connex 系列设备所使用的 Spectra 等喷头即为压电式。

4.3.2　*XYZ* 运动系统

XYZ 运动是 3DP 工艺进行三维制件的基本条件。图 4－10 所示的 3DP 系统结构示意图中，*X*,*Y* 轴组成平面扫描运动框架，由伺服电机驱动控制喷头的扫描运动；伺服电机驱动控制工作台做垂直于 *XY* 平面的运动。扫描机构几乎不受载荷，但运动速度较快，具有运动的惯性，因此应具有良好的随动性。*Z* 轴应具备一定的承载能力和运动平稳性。

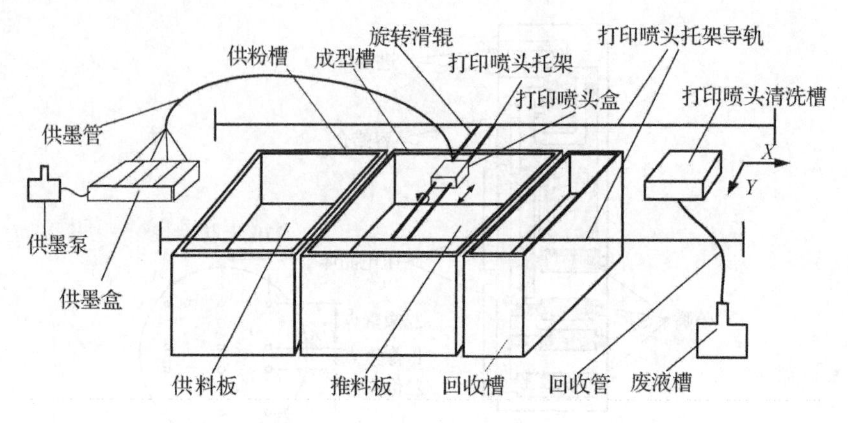

图 4-10　3DP 系统结构示意图

4.3.3　其他部件

(1) 成型工作缸。在缸中完成零件加工，工作缸每次下降的距离即为一个层厚。零件加工完后，缸升起，以便取出制作好的工件，并为下一次加工做准备。工作缸的升降由伺服电机通过滚珠丝杆驱动。

(2) 供料工作缸。提供成型与支撑粉末材料。

(3) 余料回收袋。安装在成型机壳内，回收铺粉时多余的粉末材料。

(4) 铺粉辊装置。包括铺粉辊及其驱动系统，其作用是把粉末材料均匀地铺平在工作缸上，并在铺粉的同时把粉料压实。

4.4　3DP 系统控制技术

4.4.1　3DP 控制系统硬件

3DP 控制系统由 5 个模块组成：喷头驱动模块、运动控制模块、接口及数据传输模块、RIP 处理模块、上位机控制台总控模块及辅助控制模块。图4-11是 3DP 控制系统的整体框架示意图。喷墨控制板负责接收计算机处理过的二维点阵数据，并对 Y 轴电机增量型编码器的反馈信号做光栅解码，从而获得电机的当前位置和运动状态。运动控制卡负责接收控制面板的指令并控制 5 个电机的协调运动和执行计算机发送过来的清洗指令。喷墨控制板和运动控制器是在计

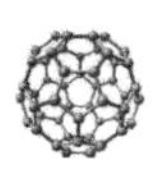

算机的上位机喷墨控制软件协调下工作的，主要通过 USB 接口和RS－232接口进行通信。

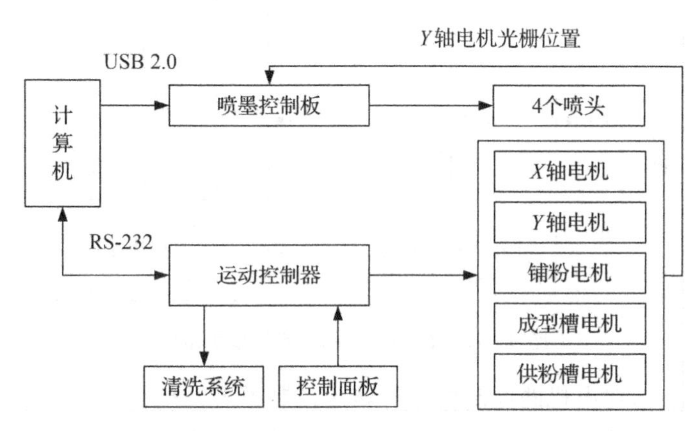

图 4－11　3DP 控制系统总体框架

控制系统中各个模块的功能划分和它们之间的通信如图 4－12 所示。PC中运行喷墨控制软件和分层切片软件，光栅解码模块、USB 2.0 接口模块等集成在主控芯片上，并且该主控芯片还负责对外部传感器获得的信号进行处理，依次做出下一步的指令动作。

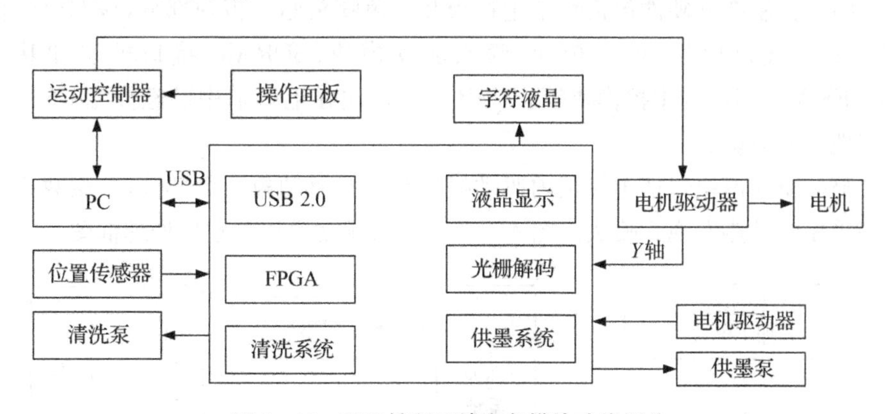

图 4－12　3DP 控制系统中各模块功能划分

1. 运动控制

运动控制部分的硬件包括运动控制卡、光电位置传感器、控制面板、电机及其驱动器等。图 4－13 是运动控制部分的连接示意图。该部分由运动控制卡实现各电机的运动控制，通过查询操作面板的按键操作实现手动铺粉的功能。

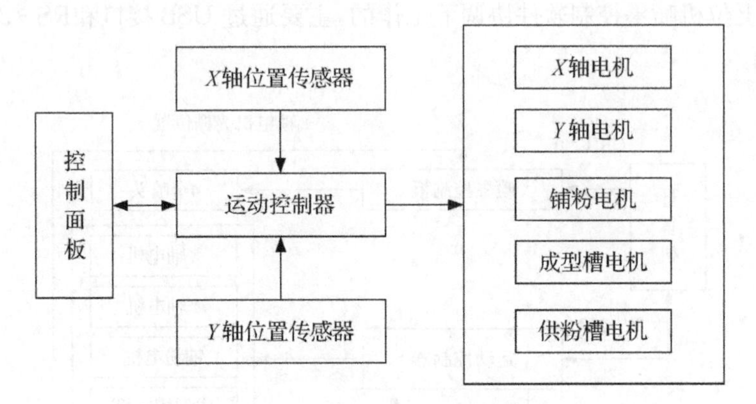

图 4-13 运动控制部分的连接示意图

运动控制卡对电机的控制模式有转矩控制模式、位置控制模式和速度控制模式3种。由于本系统电机的功能是完成精确定位和按指定速度运动，所以采用位置控制模式按集电极开路方式进行运动控制卡和电机驱动器之间的连接。位置控制方式是通过输出脉冲的频率确定电机转速的大小，通过脉冲的输出个数确定电机的转动距离。

2. 喷墨控制

喷墨控制部分硬件包括喷墨主控板和4色喷头驱动板两部分，该部分包括USB 2.0 接口模块、电源模块、喷头驱动模块、SDRAM 接口模块和基于ALTERA FPGA 的主控模块等。USB 接口模块在上一节中已经介绍，下面介绍其他功能模块。

喷头驱动模块包括主控板内驱动模块和喷头驱动板两个部分，微型数字化喷嘴采用的是热发泡式喷头。图 4-14 是喷头驱动模块的数据处理框图。

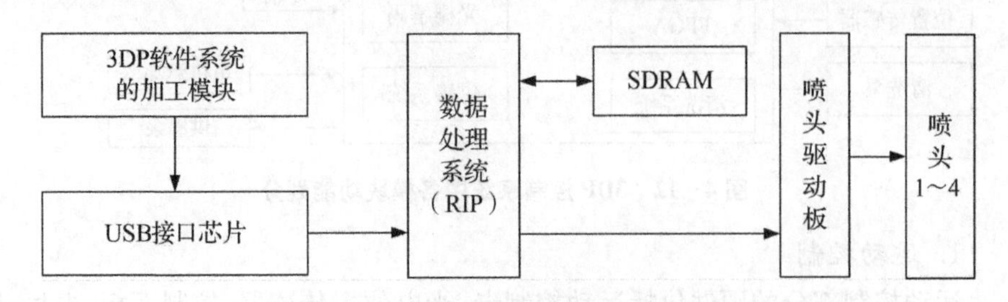

图 4-14 喷头驱动模块数据处理框图

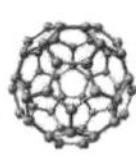

3. 主控制器模块

主控制器模块负责以下几个方面的功能：① 数据接收阶段，将上位机发送过来的数据，通过 USB 接口以 DMA 方式进行处理和存储。打印阶段，将 RAM 中的数据按照喷头的打印速度取出，并通过 8 位数据总线发送出去。② 进行喷墨数据的读取，将并行数据发送给喷头驱动板。③ 根据电机的光栅计数，得出电机的当前坐标。

打印数据的发送功能是把待打印的并行数据从 RAM 中依次取出并发送给喷头驱动板，然后驱动不同颜色喷头喷出墨水。依次取出数据的频率是由打印喷头的运动速度和相对位置坐标决定的。

4. 通信接口及温度控制

3DP 成型系统各部分模块之间的通信方式主要有 USB 通信和串口通信两种。USB 通信的功能有数据传输和系统工作状态的获取；串口通信的功能包括 PC 通过串口对运动控制卡编程和通过串口接收各轴的当前运动状态，并根据当前状态决定后续的动作。

3DP 成型装置的成型材料为粉末状，含有石膏成分和一些其他微细颗粒，较易受潮而结块，而且喷头喷射的墨水和粉末之间的物理/化学作用在一个合适的温度(大约 35 ℃)下会更加有效。因此，在系统工作过程中或平时闲置的时候，都需要给工作空间进行加热，以增强系统成型工作的可靠性和成型件的成型质量，并能防止成型材料受潮结块。

加热装置为红外陶瓷加热板和一个轴流风扇。红外陶瓷加热板能够迅速加热周围空气，然后通过轴流风扇将热风吹进工作空间，以对流的形式提升工作空间的温度。在工作空间中有一个温度传感器对空间温度进行采样，当采样到空间温度(主要是成型工作部分周围)达到设定的温度范围时，温控器控制其继电器断开以切断红外陶瓷加热板的工作电源使其停止工作。如果工作空间温度低于设定的工作温度范围时，温控器又会接通继电器从而接通加热片的工作电源，使其开始工作，如此构成一个闭环的控制回路。

在整个 3DP 成型系统刚启动时，加热装置就开始工作，直到工作空间温度达到设定值后，温控器会向运动控制卡发送一个信号，告知运动控制卡系统工作前的加热工作已经完成，系统可以开始工作。只有当运动控制卡检测到该信号后，系统才会开始工作，否则一直处于等待状态。

4.4.2 3DP控制系统软件

3DP成型装置控制系统的软件控制部分主要包括实体模型分层切片、二维切片数据处理、打印控制和运动控制等几个方面。

1. 二维切片数据处理

对二维切片的数据处理包括RIP处理和抖动算法两个重要的方面。RIP是数字化印前处理系统的核心，抖动算法则是实现RIP的主要算法之一。

(1) RIP概述

RIP(raster image processor)即光栅图像处理器，它的主要作用是将经由计算机制得的数字化图文页面信息中的各种图像、图形和文字转化为打印机、照排机、直接制版设备、数字印刷机等输出设备能够记录的高分辨率图像点阵信息，然后控制输出设备将图像点阵信息记录在胶片、纸张以及其他介质上。

RIP的具体工作流程为：首先输入数字化图文页面信息(由桌面软件制得的PostScript及兼容格式)，经由输入渠道(最常见的有AppleTalk，TCP/IP，NT，Pipe，Hotfolder等)输入RIP工作站。随后，RIP根据页面上对象性质的不同做不同的解释和处理，生成对应的页面点阵信息，在这一步不同的厂商可能会做不同的设计。最后，RIP控制输出转化成页面实体，同样，不同的RIP厂商会为其RIP设计不同的输出行为。

RIP位于印刷之前、生产工作流程的末端，它以描述性的语言或矢量图像的形式接收印刷数据。例如，像PostScript页面描述语言，包含印刷目的和在页面上什么地方印刷的指令。根据指定坐标，RIP将PostScript命令"linedraw"转换成线形网点放置在页面上。此外，用于彩色印刷设备的RIP负责精确的颜色再现。首先，RIP必须翻译页面上每一个元素的颜色。然后，它将与颜色相关的信息转换成色彩图案，并发送给打印机用于打印。

下面以普通的黑白针式打印机能打出灰度图的原理来说明RIP原理，从针式打印机的打印原理来分析，似乎是不可能的。因为针式打印机是靠撞针击打色带在纸上形成黑点的，不可能打出灰色的点来。

如果用放大镜观察打印出来的所谓灰色图像，我们会发现原来这些灰色图像都是由一些黑点组成的。黑点多一些，图像就暗一些；黑点少一些，图案就亮一些，如图4-15所示。

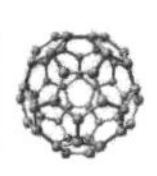

 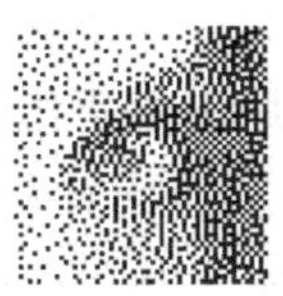  

图 4-15　用黑白两种颜色打印出灰度效果

图 4-15 中最左边的是原图，是一幅真正的灰度图，另外三张图都是黑白二值图。容易看出，最左边的那幅和原图最接近。由二值图像显示出灰度效果的方法，就是下面要讨论的半影调(halftone)技术，它的一个主要用途就是在只有二值输出的打印机上打印图像。该技术有多种实现方法，本系统采用抖动算法来实现。

(2) 抖动算法

假设有一幅 600×450×8 bit 的灰度图，当用分辨率为 300×300 dpi 的激光打印机将其打印到 8×6 英寸的纸上时，每个像素可以用(2 400/600)×(1 800/450)=4×4 个点大小的图案来表示，最多能表示 17 级灰度，无法满足 256 级灰度的要求。可有两种解决方案：

1) 减小图像尺寸，由 600×450 变为 150×113。

2) 降低图像灰度级，由 256 级变成 16 级。

这两种方案都不理想。这时，就可以采用抖动算法(dithering)的技术来解决，下面介绍误差扩散算法中的 Floyd-Steinberg 抖动算法。

假设灰度级别的范围从 b(black)到 w(white)，中间值 t 为(b+w)/2，对应 256 级灰度，b=0，w=255，t=127.5。设原图中像素的灰度为 g，误差值为 e，则新图中对应像素的值用如下的方法得到：

```
if g > t then
    打印白点
    e=g−w
else
    打印黑点
    e=g−b
3/8 × e 加到右边的像素
3/8 × e 加到下边的像素
1/4 × e 加到右下方的像素
```

算法的原理是:以 256 级灰度为例,假设一个点的灰度为 130,在灰度图中应该是一个灰点。由于一般图像中灰度是连续变化的,相邻像素的灰度值很可能与本像素非常接近,所以该点及周围应该是一片灰色区域。在新图中,130 大于 128,所以打了白点,但 130 离真正的白点 255 还差得比较远,误差 e=130−255=−125,比较大,将 3/8×(−125)加到相邻像素后,使得相邻像素的值接近 0 而打黑点。下一次,e 又变成正的,使得相邻像素打白点,这样黑白交替出现,表现出来刚好就是灰色。如果不传递误差,就是一片白色了。再举个例子,如果一个点的灰度为 250,在灰度图中应该是一个白点,该点及周围应该是一片白色区域。在新图中,虽然 e=−5 也是负的,但其值很小,对相邻像素的影响不大,所以还是能够打出一片白色区域来。这样就验证了算法的正确性。图 4-16 是利用 Floyd-Steinberg 算法抖动生成的图像。

图 4-16　利用 Floyd-Steinberg 算法抖动生成的图

需要说明的是,本来 8 bit 像素深度的图像只要开一个 char 类型的缓冲区,用来存储新图数据就可以了,但在这个算法中,因为 e 有可能是负数,为了防止得到的值超出 char 能表示的范围,使用了一个 int 类型的缓冲区存储新值。另外,当按从左到右,从上到下的顺序处理像素时,处理过的像素以后就不会再用到了,所以用这个 int 类型的缓冲区存储新值是可行的。全部像素处理完后,再将这些值拷贝到 char 类型的缓冲区中。

另外,要注意的是,误差传播有时会引起流水效应,即误差不断向下,向右累

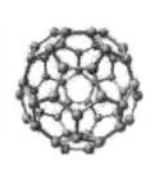

加传播。解决的办法是:奇数行从左到右传播,偶数行从右到左传播。

(3) RIP 处理模块

前面介绍的 RIP 原理和抖动算法是 RIP 处理模块的核心,该模块的功能包括能正确地打开 TIF、JPG 文件(CMYK 模式),并根据图像的二值显示原理,将 256 级灰度的计算机点阵图像数据转换成打印机能喷印的二值灰度点阵数据,并尽可能地反映原图所要显示的信息,当中需要进行抖动算法处理。图 4－17 是 RIP 处理模块原理框图。

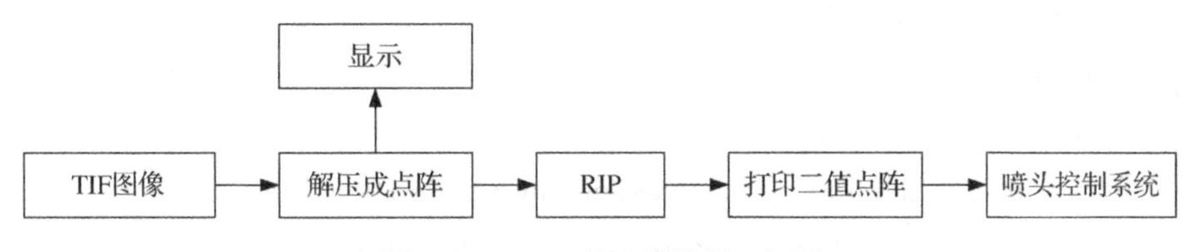

图 4－17　RIP 处理模块原理框图

2. 打印控制

打印控制模块的功能是将各个模块组合在一起,使软件和硬件协调地工作,实现图像的打印功能,并控制设备的正常工作与工作状态的显示。该模块的功能有以下几个方面:

(1) 设备及数据处理中各种参数设置以及保存。

(2) 在指定的地方打开 TIF 图片并显示,然后 RIP 成点阵数据。

(3) 把 RIP 好的点阵数据转换成适合传输到设备内存的序列格式,并根据设备的数据请求发送到设备的内存中。

(4) 根据设备返回的参数以及操作员的控制操作对设备进行指令发送。

(5) 喷墨主控板可以正确地处理系统发送的数据并返回设备信息。

(6) 喷头控制系统可以正确地打印计算机传输过来的点阵数据。

打印控制模块主要包括以下几个部分:

(1) 数据处理部分

在上位机软件中对二维图像的数据处理用到上一节介绍的 RIP 抖动算法,该算法主要由 Floris van den Berg 和 Herv Drolon 设计实现。在进行软件设计时包含了该算法的头文件 FreeImage. h,以下函数和宏定义为该头文件中的部分内容。

```
DLL_API unsigned DLL_CALLCONV FreeImage_GetWidth(FIBITMAP *dib);
```

```
DLL_API unsigned DLL_CALLCONV FreeImage_GetHeight(FIBITMAP *dib);
DLL_API unsigned DLL_CALLCONV FreeImage_GetLine(FIBITMAP *dib);
DLL_API unsigned DLL_CALLCONV FreeImage_GetPitch(FIBITMAP *dib);
// For C compatibility ——————————————————————————
#ifdef __cplusplus
#define FI_DEFAULT(x)= x
#define FI_ENUM(x)      enum x
#define FI_STRUCT(x) struct x
#else
#define FI_DEFAULT(x)
#define FI_ENUM(x)      typedef int x; enum x
#define FI_STRUCT(x) typedef struct x x; struct x
#endif
//Bitmaptypes ——————————————————————————————
FI_STRUCT (FIBITMAP) { void *data; };
FI_STRUCT (FIMULTIBITMAP) { void *data; };
void PrnData_NextB(PRTUSE *ipta,RIPUSE *irua);
void  RIP_First(FIBITMAP *dib,RIPUSE *irua);
void  RIP_Next(FIBITMAP *dib,RIPUSE *irua);
void  ViewRipData(RIPUSE *irua,TCanvas *tc,int iColor);
void  RIP_End(FIBITMAP *dib,RIPUSE *irua);
void  PrnData_Next(PRTUSE *ipta,RIPUSE *irua);
void  View_PrnData(PRTUSE *ipta,TCanvas *tc,int iColor);
BYTE *ToCMYW(BYTE *inbits,RIPUSE *irua);
```

(2) 内存中数据的存储格式

由USB模块传输而来的二值点阵数据按地址顺序存储在SDRAM中,每一字节对应四色喷头的8个喷嘴(因为每个喷头有两列,所以在同一位置上需要喷射8次黏合剂)。加工各切片时,驱动程序将该切片上各像素的灰度值转换成控制打印喷嘴的一系列开/关命令,控制这些喷嘴是否喷射。在对应像素点上,CMY当中需要喷射的颜色所对应的这个字节中的二进制位设置为"1",否则设置为"0"。K色(无色)喷头只有在CMY三色都不喷时才不出墨,只要它们当中有一种颜色需要喷射时，K 色喷头就会出墨。

假设某成型件被切出 t 个切片，每个切片又被计算机分割成 m 个像素。如果记喷射控制信号为“1”，不喷射控制信号为“0”，则在每个切片中针对各像素，每个喷嘴的控制信号对应着一个 $t\times m$ 矩阵。用 P_1 表示第一个喷嘴在各层中的控制信号，则

$$P_1 = \begin{vmatrix} x_{111} & x_{112} & \cdots & x_{11m} \\ x_{121} & x_{122} & \cdots & x_{12m} \\ \cdots & \cdots & x_{1ij} & \cdots \\ x_{1t1} & x_{1t2} & \cdots & x_{1tm} \end{vmatrix} \tag{4-1}$$

其中，x_{1ij} 表示第一个喷嘴在第 i 个切片中针对第 j 个像素的控制信号，$i\in[1, t]$，$j\in[1,m]$，且 $x_{1ij}=1$ 或 0。

从而可以得到第 n 个喷嘴在各层中的控制信号 P_n。

$$P_n = \begin{vmatrix} x_{n11} & x_{n12} & \cdots & x_{n1m} \\ x_{n21} & x_{n22} & \cdots & x_{n2m} \\ \cdots & \cdots & x_{nij} & \cdots \\ x_{nt1} & x_{nt2} & \cdots & x_{ntm} \end{vmatrix} \tag{4-2}$$

其中，x_{nij} 表示第 n 个喷嘴在第 i 个切片中针对第 j 个像素的控制信号，$n\in[1, s]$，$i\in[1,t]$，$j\in[1,m]$，且 $x_{nij}=1$ 或 0。

(3) 通信接口部分

上位机软件对成型系统的控制是通过 RS－232 串行接口标准与运动控制卡(以 Trio 运动控制卡为例)通信完成的，通过函数 long __fastcall ComSendI(int iID, int iNum)对 Trio 运动控制卡的全局变量值进行设置，函数中的形参 iID 表示运动控制卡中的全局变量序号，iNum 表示对该全局变量所设置的值。该部分功能是通过安装串口控件后，进行二次开发完成的，Trio 运动控制卡则通过命令“PRINT #”给上位机发送数据或状态信息，图 4－18 是串口通信协议图。本系统使用的是波特率 9 600，7 位数据位，2 位停止位，偶校验。

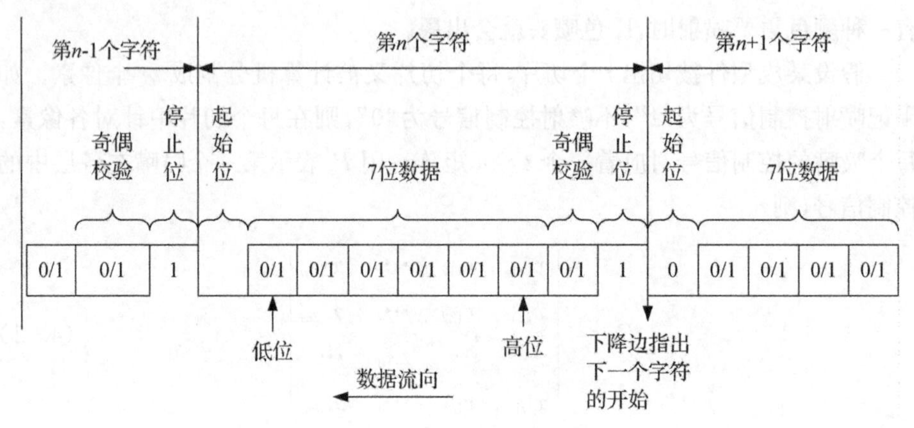

图 4-18 串口通信协议图

3. 运动控制

运动控制的目的就是控制电机的转速和转角，对于直线电机来说就是控制速度和位移。一个典型的运动控制系统主要由电机、传动机构、拖动对象、功率驱动器、传感器和运动控制卡组成，运动控制系统的组成如图 4-19 所示。运动控制器是智能元件，整个系统的运动指令由运动控制器给出，其中运动控制软件是运动控制系统与操作人员之间的交互枢纽，起着承上启下的重要作用。

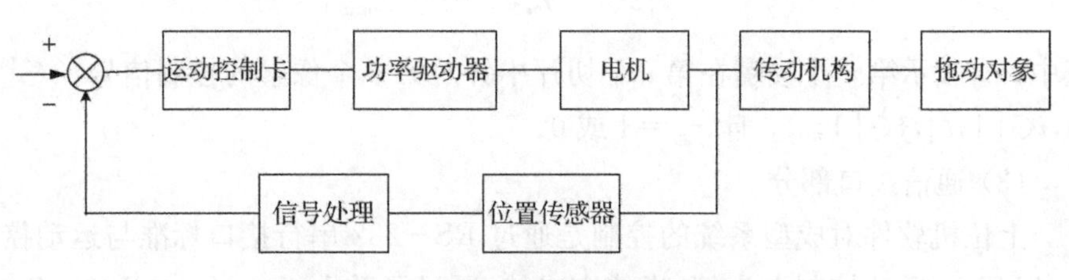

图 4-19 运动控制系统的基本组成

4.5 3DP 工艺成型质量影响因素

为了提高 3DP 成型系统的成型精度和速度，保证成型的可靠性，需要对系统的工艺参数进行整体优化。这些参数包括：喷头到粉末层的距离、每层粉末的厚度、喷射和扫描速度、辊轮运动参数、每层喷射间隔时间等。

1. 喷头到粉末层的距离

喷头到粉末层的距离太远会导致液滴的发散，影响成型精度；反之则容易导

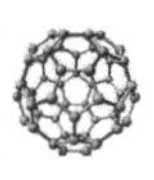

致粉末溅到喷头上，造成堵塞，影响喷头的寿命。一般情况下，距离在 1～2 mm 之间时，效果较好。

2. 每层粉末的厚度

每层粉末的厚度即工作平面下降一层的高度。在成型过程中，水膏比(即喷墨量与石膏粉的重量比值)对成型件的硬度和强度影响最大。水膏比的增加可以提高成型件的强度，但是会导致变形的增加。层厚与水膏比成反比，层厚越小，水膏比越大，层与层黏结强度越高，但是会导致成型的总时间成倍增加。在系统中，根据所开发的材料特点，层厚在0.08～0.2 mm 之间效果较好，一般小型模型层厚取 0.1 mm，大型模型取 0.16 mm。此外，由于是在工作平面上开始成型，在成型前几层时，层厚可取稍大一点，便于成型件的取出。

3. 喷射和扫描速度

喷头的喷射和扫描速度直接影响到制件的精度和强度，低的喷射速度和扫描速度对成型精度的提高，是以成型时间增加为代价的，在 3DP 成型的参数选择中需要综合考虑。

4. 辊轮运动参数

铺覆均匀的粉末在辊子作用下流动。粉末在受到辊轮的推动时，粉末层受到剪切力作用而相对滑动，一部分粉末在辊子推动下继续向前运动，另一部分在辊子底部受到压力变为密度较高、平整的粉末层。粉末层的密度和平整效果除了与粉末本身的性能有关，还与辊子表面质量、辊子转动方向，以及辊子半径 R、转动角速度 ω、平动速度 v 有关。经过理论分析和实验验证可知：

(1) 辊轮表面质量。辊轮表面与粉末的摩擦因数越小，粉末流动性越好，已铺平的粉末层越平整，密度越高；辊轮表面还要求耐磨损、耐腐蚀和防锈蚀。采用铝质空心辊筒表面喷涂聚四氟乙烯的方法，可以很好地满足上述要求。

(2) 辊轮转动方向。辊轮的转动有两种方式，即顺转和逆转。逆转方式是辊轮从铺覆好的粉末层切入，从堆积粉末中切出，顺转则与之相反。辊子采用逆转的方式有利于粉末中的空气从松散粉末中排出，而顺转则使空气从已铺平的粉末层中排出，造成其平整度和致密度的破坏。

(3) 辊轮半径 R、转动角速度 ω、平动速度 v。辊轮的运动对粉末层产生两个作用力，一个是垂直于粉末层的法向力 P_n，另一个是与粉末层摩擦产生的水平方向力 P_t。辊轮半径 R、转动角速度 ω、平动速度 v 是辊轮外表面运动轨迹方程的参数，它们对粉末层密度和致密度有着重要的影响，一般情况下，辊轮半径 R=10 mm，转动角速度 ω、平动速度 v 可根据粉末状态进行调整。

(4) 每层成型时间。每层成型时间的增加,容易导致黏结层翘曲变形,并随着辊轮的运动而产生移动,造成 Y 方向尺寸变化,同时成型的总时间增加,所以,需要有效地提高每层成型速度。由于快的喷射扫描速度会影响成型的精度,过快的辊轮平动速度则易导致成型 Y 方向尺寸的增加,因此,每层成型速度的提高需要较大的加速度,并有效地减少辅助时间。一般情况下每层成型时间在 30～60 s 之间,这相比其他快速成型的方式要快很多。

(5) 其他,如环境温度、清洁喷头间隔时间等。环境温度对液滴喷射和粉末的黏结固化都会产生影响。温度降低会延长固化时间,导致变形增加,一般环境温度控制在 10～40 ℃之间是较为适宜的。清洁喷头间隔时间根据粉末性能有所区别,一般喷射 20 层后需要清洁一次,以减少喷头堵塞的可能性。

4.6 3DP 的应用

如前面所述,3DP 技术不仅可以打印石膏类、淀粉类等材料,还可以打印金属粉末、陶瓷粉末和玻璃粉末等,甚至打印混凝土制品、食品和生物细胞等。三维印刷技术的应用已经遍及各行各业。

1. 创意无限的家居用品

能够进入家庭的新技术,其市场前景无疑是巨大的。3DP 工艺由于没有制造过程的限制,设计师可以充分发挥想象力和创造力,设计出独一无二的艺术品、灯饰、夹具、首饰、玩具,使家庭充满个性化的艺术氛围。自己可以随时打印所需的日常用品,包括鞋子、发夹、首饰、玩具等,大大增加了生活的方便性和趣味性,如图 4-20 所示。

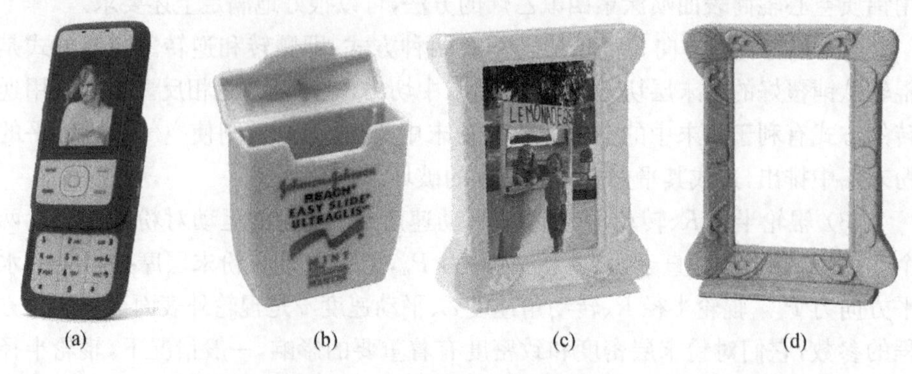

(a) (b) (c) (d)

图 4-20 日常用品 3DP 成型模型

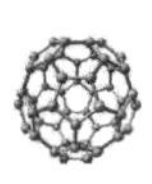

2. 多个结构件的机械产品

使用3DP不仅可以制作固定不动的产品，还可以制作有相互运动机构或部件的物体，如轴承、啮合齿轮或其他机构。图4-21所示的4个打印产品都有齿轮。

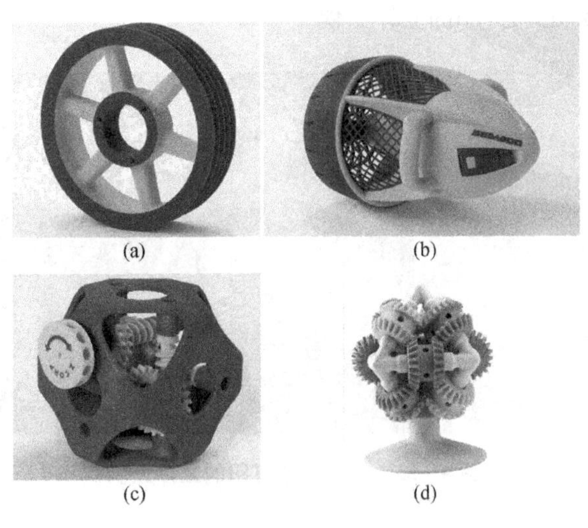

(a) (b) (c) (d)

图4-21 机械产品模型

3. 快速直接建造的建筑模型

在建筑领域，3DP除用于制作复杂的、大型的、超现代创意的建筑模型[如图4-22(a)]外，还可用于雕塑的快速直接建造[如图4-22(b)]。

(a)

(b)

图4-22 3DP应用于建筑与雕塑

4. 3D打印照相馆

3D照相是指利用三维扫描设备(结构光、多目立体视觉)获取客户的身体结构及纹理数据,然后通过三维雕刻软件(ZBrush,FreeForm等)进行数据修复和加工,最后通过3D打印设备及后续处理工艺制作三维实体人物塑像的技术。图4-23为3DP工艺打印的立体人偶。

图4-23 3DP工艺打印的立体人偶

1. 简述3DP的成型过程。
2. 3DP有哪些优缺点?
3. 3DP工艺中黏合剂喷射的方法有哪些?各有什么特点?

第5章　熔融沉积制造

熔融沉积制造(fused deposition manufacturing,FDM),又称熔丝成型、丝状材料选择性熔覆、熔融挤出成型(melted extrusion modeling, MEM)或简称熔积成型等,是采用热熔喷嘴将半流动的材料按CAD分层数据控制的路径挤压并沉积在指定的位置凝固成型,逐层沉积、凝固后形成整个原型或零件。FDM的成型材料主要是线材(也有直接采用塑料等粉末加热经喷嘴挤出成型的),要求熔融温度低、黏度低、黏结性好、收缩率小等,主要包括:铸造石蜡、尼龙(聚酯塑料)、ABS塑料、PLA塑料、低熔点金属和陶瓷等。FDM主要用于家用电器、办公用品和模具行业等新产品的开发,以及用于假肢、医学、医疗、建筑、教育、艺术等基于数字成像技术的三维实体模型的制造。

5.1　概述

FDM的思想是Scott Crump于1988年提出的。次年,基于该技术的Stratasys公司成立,并于1991年开发推出了第一台商业机型3D Modeler。目前,世界上仍以Stratasys公司开发的FDM制造系统的应用最为广泛。

与其他3D打印成型工艺相比,FDM使用工业级热塑材料作为成型材料,打印出的物件具有可耐受高热、抗腐蚀性化学物质、抗菌和强烈的机械应力等特性,被用于制造概念模型、功能模型,甚至直接制造零部件和生产工具。

Stratasys公司的Dimension,uPrint和Fortus等多个产品均采用FDM为核心技术。图5-1所示为一款基于FDM工艺的桌面型3D打印机。由于FDM成型材料种类多,成型件强度高、价格便宜、易于装配、无公害,可在办公室环境下进行等特点,该工艺发展极为迅速,目前,FDM在全球已安装3D打印系统中的份额大约为 30%。

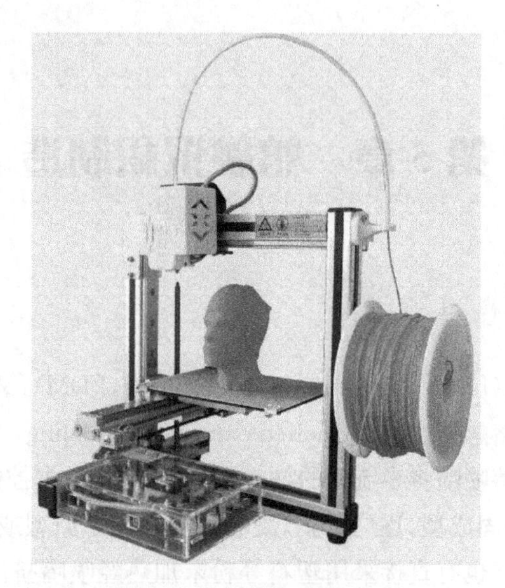

图 5-1 桌面型 3D 打印机

1. FDM 成型工艺的优点

(1) 整个系统构造原理和操作简单,维护成本低。

(2) 可以使用无毒的原材料,设备系统可在办公室环境中安装使用。

(3) 原材料在成型过程中无化学变化,制件的翘曲变形小。

(4) 原材料利用率高,且材料寿命长。

(5) 支撑去除较简单,分离较容易。

(6) 耗材成本低,可进行回收利用。

2. FDM 成型工艺的缺点

(1) 成型件的表面有较明显的条纹。

(2) 沿成型轴垂直方向的强度比较弱。

(3) 需要设计与制作支撑结构。

(4) 需要对整个截面进行扫描涂覆,成型时间较长。

(5) 对于内部具有很复杂的内腔、孔等零件,去除支撑比较麻烦。

5.2 FDM成型过程

5.2.1 FDM成型工艺

FDM工艺成型过程如图5-2所示，成型过程是：在计算机控制下，电机驱动辊子旋转，通过摩擦力使缠绕在供料辊上的丝材向喷头送进，喷头前端的加热器将丝材加热熔化，熔融状态的热塑材料被挤出后，沉积成原型的每一薄层，如果热熔性材料的温度始终稍高于固化温度，而成型部分的温度稍低于固化温度，就能保证热熔性材料挤出喷嘴后，随即与前一层面熔结在一起。一个层面沉积完成后，喷头上升一截面层的高度或工作台按预定的增量下降一个层的厚度，再继续熔喷沉积，整个模型从基座开始，由下而上逐层生成。

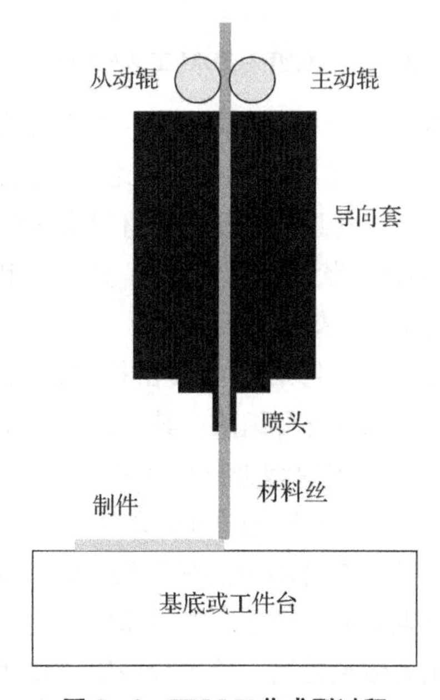

图5-2 FDM工艺成型过程

为了节省材料成本和提高沉积效率，有些FDM设备采用了双喷头或多喷头，其中一个喷头用于沉积模型材料，另一个喷头用于沉积支撑材料，如图5-3所示。采用双喷头工艺成型原理的优点是：提高了沉积效率；降低了模型制作成本；允许灵活地选择具有特殊性能的支撑材料（如水溶材料、低于模型材料熔点的热熔材料等),以便于后处理过程中支撑材料的去除。

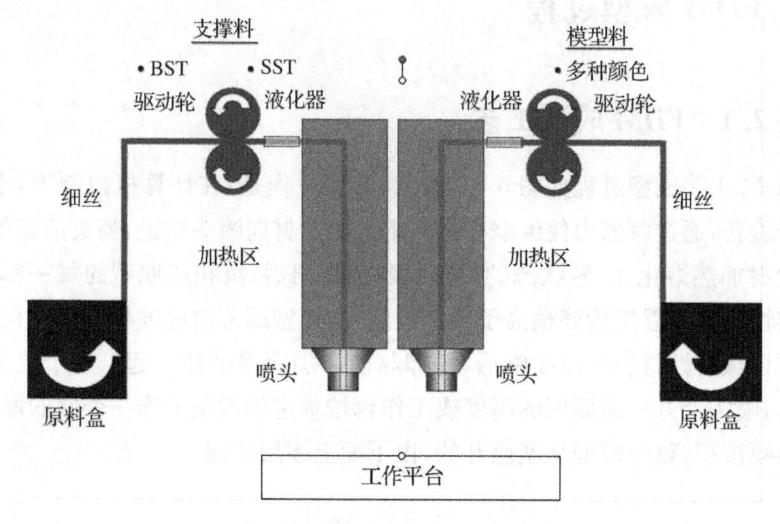

图 5-3　双喷头 FDM 工艺成型原理

对于高熔点的热塑性复合材料,或对于一些不易加工成丝材的材料,如 EVA 材料等,采用传统 FDM 成型模型相当困难。气压式 FDM 无须专门的挤压成丝设备来制造丝材,工作时只需将热塑性材料直接倒入喷头的腔体内,依靠加热装置将其加热到熔融挤压状态,不但避免了必须采用丝材材料这一限制,而且节省了一道工序,提高了生产效率。

气压式 FDM 系统如图 5-4 所示,主要由控制、加热与冷却、挤压、喷头机构、可升降工作台及支架机构六部分组成。其中控制用计算机配置有 CAD 模型切片软件和加支撑软件,对三维模型进行切片和诊断,并在零件的高度方向,模拟显示出每隔一定时间的一系列横截面的轮廓,加支撑软件对零件进行自动加支撑处理。数据处理完毕后,混合均匀的材料按一定比例输送入加热室。加热室由电阻丝加热,经热电阻测温并由温度控制器使其温度恒定,使材料处于良好的熔融挤压状态,后经压力传感器测压后进行挤压,制造原型零件。控制系统能使整个快速成型系统实现自动控制,其中包括气路的通断、喷头的喷射速度以及喷射量与原型零件整体制造速度的匹配等。

气压式 FDM 的成型过程为:被加热到一定温度的低黏性材料(该材料可由不同材料组成,如粉末—黏合剂的混合物),通过空气压缩机提供的压力由喷头挤出,涂覆于工作平台或前一沉积层之上。喷头按当前层的层面几何形状进行

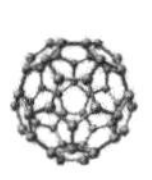

扫描堆积,实现逐层沉积凝固。工作台由计算机系统控制做 X,Y,Z 三维运动,可逐层制造三维实体和直接制造空间曲面。

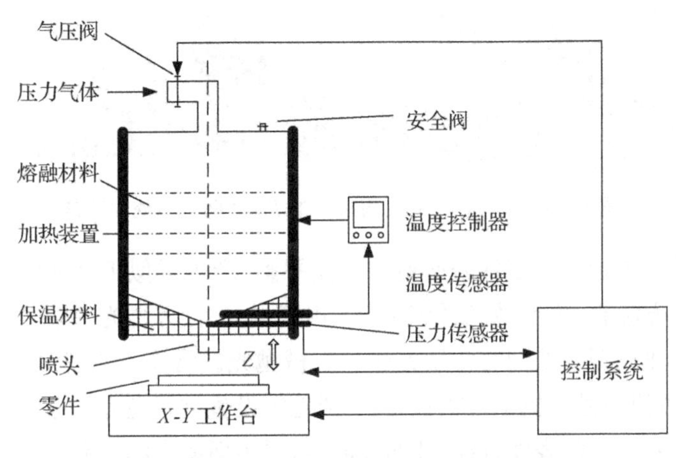

图 5-4　气压式 FDM 系统基本结构示意图

气压式 FDM 的特点为:① 成型材料广泛,一般的热塑性材料,如塑料、尼龙、橡胶、蜡等,做适当改性后都可用于沉积成型;② 设备成本低、体积小,熔融沉积成型是靠材料熔融时的黏性黏结成型,不像 SLA、LOM、SLS 等工艺靠激光的作用成型,没有激光器及电源和树脂槽,大大简化了设备,使成本降低。熔融沉积成型设备运行、维护容易,工作可靠,是桌面化快速成型设备的最佳工艺;③ 无污染,熔融沉积成型所用的材料为无毒、无味的热塑性材料,并且废弃的材料还可以回收利用,因此材料对周围环境不会造成污染。

5.2.2　FDM 后处理

FDM 的后处理比较简单,主要就是去除支撑和打磨。打磨的目的是去除零件毛坯上的各种毛刺、加工纹路,并且在必要时对机加工过程遗漏或无法加工的细节做修补。常使用的工具是锉刀和砂纸,不过在去除支撑的时候很容易伤到打印对象和操作人员。为此,Retouch 3D 公司推出了一款 FDM 模型后处理工具,如图 5-5 所示。

某些情况下也需要使用打磨机、砂轮机、喷砂机等设备,例如处理大型零件时,使用机器可节省大量时间。普通塑料件外观面需用最低 800 目水砂纸打磨 2 次以上方可喷油。使用砂纸目数越高,表面打磨越细腻。抛光的目的是在打

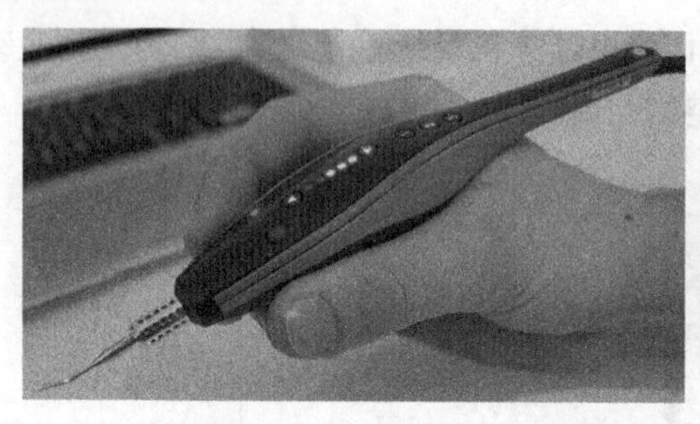
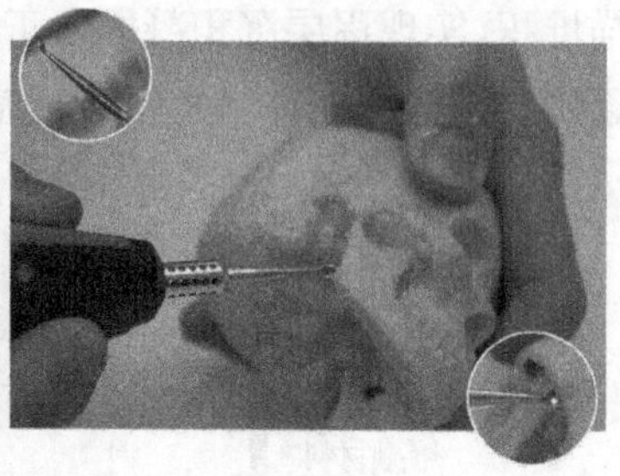

图5-5 Retouch 3D公司推出的FDM模型后处理工具

磨工序后进一步加工使零件表面更加光亮平整，产生近似于镜面的效果。目前常用的抛光方法有：机械抛光、化学抛光、电解抛光、流体抛光、超声波抛光、磁研磨抛光。快速成型后处理时常用方法是机械抛光。常用工具是砂纸、纱绸布和打磨膏，也可使用抛光机配合帆布轮、羊绒轮等设备进行抛光。通常需要抛光的情况包括需要电镀的表面、透明件的表面、需要镜面或光泽效果的表面等。

5.3 FDM系统组成

FDM系统如图5-6所示，主要包括：供料机构、喷头、运动系统和工作台等。喷头安装于扫描系统上，可根据各层截面信息，随扫描系统做 $X-Y$ 平面运动。在计算机控制下，供料系统将可热塑性丝材送进喷头，加热器将送至喷头的丝状材料加热至熔融态，然后被选择性地涂覆在工作台上，快速冷却后形成截面轮廓，一层截面完成后，喷头上升（或工作台下降）一截面层的高度，再进行下一层的涂覆。如此循环，最终形成三维产品。

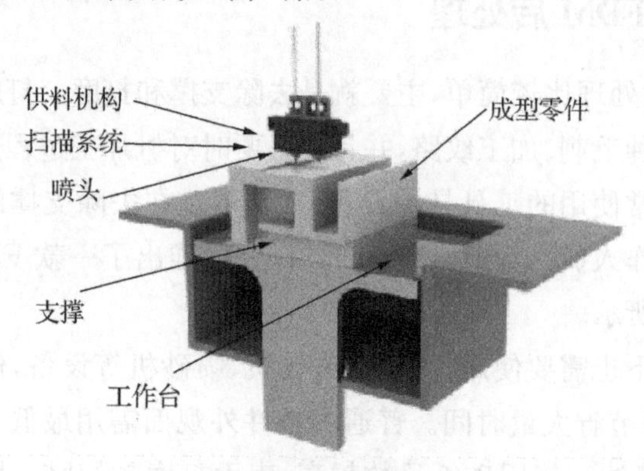

图5-6 FDM成型系统

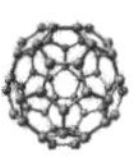

5.3.1　供料机构

采用普通供料机构的 FDM 打印头如图 5－7 所示，普通供料机构的结构如图 5－8 所示，直流电动机驱动一对送进轮，靠摩擦力推动丝材进入液化器和喷嘴。为了实现供料机构的功能，要求电机驱动力大于流道和喷嘴的阻力，且丝材具有足够的轴向强度。

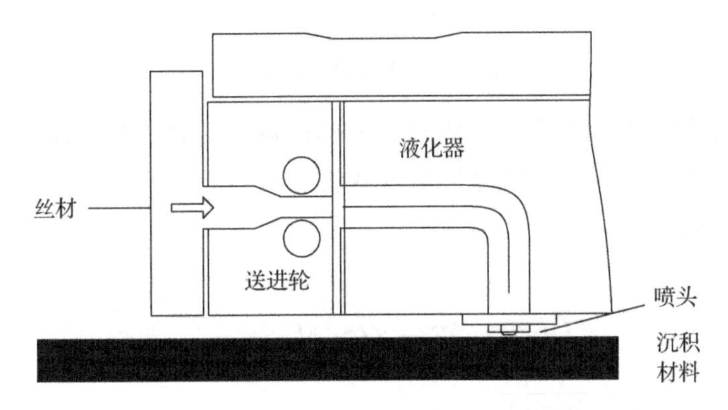

图 5－7　采用普通供料机构的 FDM 打印头

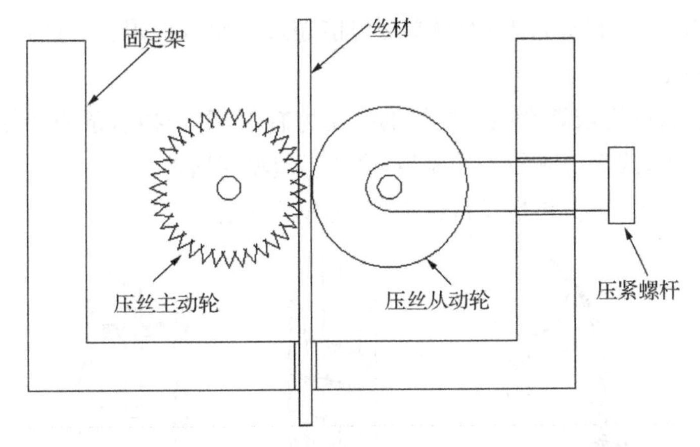

图 5－8　普通供料机构结构示意图

送进轮若采用 V 型轮，料丝被夹在 V 型轮中间，能有效防止丝材横向滑移，且驱动力为两个摩擦力的合力，当 V 型轮的夹角较小时，两个摩擦力的合力要比单个大得多，即提高了驱动力。下面以 V 型轮为例，进行驱动力分析，如图 5－9所示。

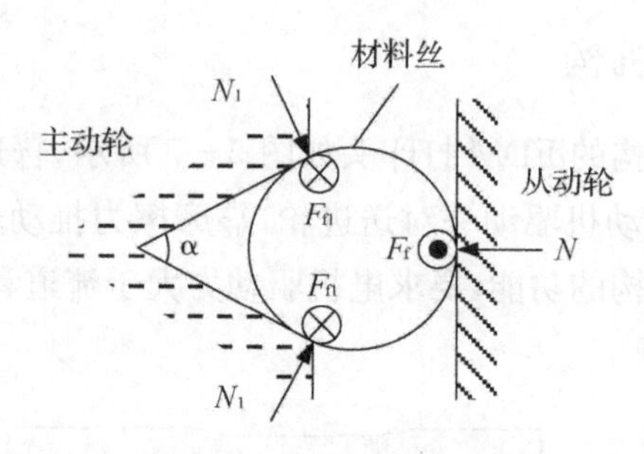

图 5-9　V 型轮受力分析

假设从动轮对丝材压力为 N，丝材与驱动轮表面的摩擦系数为 f。从动轮轴承摩擦属于滚动摩擦，其摩擦因数的数值远远小于 f，可忽略不计，则摩擦轮对丝材的驱动力：

$$F = 2f \times N_1 \tag{5-1}$$

式中，$N_1 = N/\sqrt{2(1-\cos\alpha)}$。

由式 5-1 可知，当 $\alpha > 60°$ 时，$N_1 < N$，不利于最大限度发挥材料的性能；当 α 较小时，N_1 又变得非常大，丝材受力可能超过其屈服极限。为此，应综合考虑选取合适的 α。

普通供料机构依靠摩擦力提供的挤压力有限，聚合物盘条的加热完全通过外部加热装置，因而要求较长的流道，容易引起喷嘴堵塞。图 5-10 为采用不同挤压方式的供料机构，包括丝材送进、泵送和活塞送进。

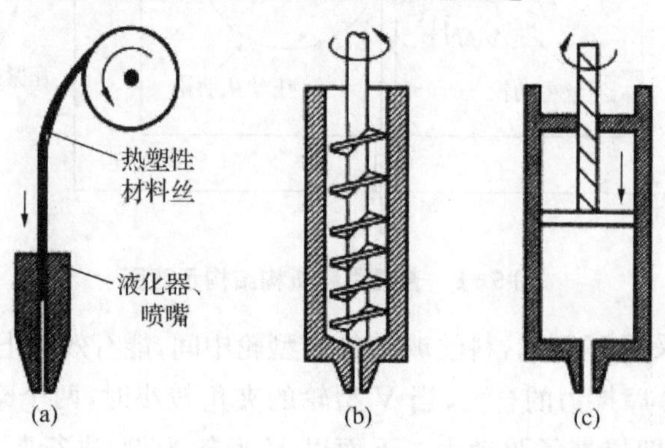

图 5-10　常见供料机构

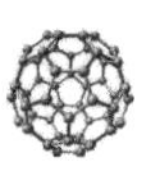

图 5－10(a)所示为丝材送进挤压方式，成型材料为丝状热塑性材料，经驱动机构送入液化器，并在其中受热逐渐熔化，先进入液化器的材料熔化后受到后部未熔材料丝(起到推压活塞的作用)的推压而挤出喷嘴。图 5－10(b)所示为螺旋杆泵送进挤压方式，采用螺旋泵实现颗粒状原材料的泵送、加热和挤出，挤出材料的速度可以由螺旋杆的转速调节。图 5－10(c)所示为活塞缸送进挤压方式，喷头的主要部分是一缸体，成型材料在缸内受热熔融，在活塞的压力作用下挤出喷嘴。可以看出，这几种方式都能实现材料的送进、熔融和挤压。在目前成熟的 FDM 系统中，喷头采用的挤出形式主要为丝材送进挤压式和螺旋杆挤压式喷头。前者占据桌面 FDM 设备的主流位置，后者在一些大型 FDM 设备中较为常见。

5.3.2　喷头

喷头是 FDM 系统的核心部件之一，其质量的优劣直接影响着成型件的质量。理想的喷头应该满足以下要求：① 材料能够在恒温下连续稳定地挤出。这是 FDM 对材料挤出过程最基本的要求。恒温是为了保证黏结质量，连续是指材料的输入和输出在路径扫描期间是不间断的，这样可以简化控制过程和降低装置的复杂程度。稳定包括挤出量稳定和挤出材料的几何尺寸稳定两方面，目的都是为了保证成型精度和质量。本项要求最终体现在熔融的材料能无堵塞地挤出。② 材料挤出具有良好的开关响应特性以保证成型精度。FDM 是由 X，Y 轴的扫描运动，Z 工作平台的升降运动以及材料挤出相配合而完成。由于扫描运动不可避免地有启停过程，因此需要材料挤出也应该具有良好的启停特性，换言之就是开关响应特性。启停特性越好，材料输出精度越高，成型精度也就越高。③ 材料挤出速度具有良好的实时调节响应特性。FDM 对材料挤出系统的基本条件之一就是要求材料挤出运动能够同喷头 XY 扫描运动实时匹配。在扫描运动起始与停止的加减速段，直线扫描、曲线扫描对材料的挤出速度要求各不相同，扫描运动的多变性要求喷头能够根据扫描运动的变化情况适时、精确地调节材料的挤出速度。另外在采用自适应分层以及曲面分层技术的成型过程中，对材料输出的实时控制要求则更为苛刻。④ 挤出系统的体积和重量需限制在一定的范围内。目前大多数 FDM 中，均采用 XY 扫描系统带动喷头进行扫描运动的方式来实现材料 XY 方向的堆积。喷头系统是 XY 扫描系统的主要载荷。喷头系统体积小，可以减小成型空间，重量轻，可以减小运动惯性并降低对运动系统的要求，也是实现高速（高速度和高加速度）扫描的前提。⑤ 足够的挤出能力。提高成型效率是人们不断改进快速成型系统的原动力之一。实现材料的高速、连续挤出是提高成型效率的基本前提。目前，大多数 FDM 设备的扫描速度为 200～300 mm/s，因此要求喷头必须有足够的挤出能力来满足高速扫描的需要。实际上高精度直线运动系列的运动速度可以轻松达到500 mm/s，甚至更高，但材料挤出速度是制约 FDM 速度不断提高的瓶颈之一。

喷头的基本功能就是将导入的丝材充分熔化，并以极细丝状从喷嘴挤出。图 5-11 所示为丝材在流道中熔融挤出过程的示意图。丝材在摩擦轮驱动下进入加热腔直流道，受到加热腔的加热逐步升温。在温度达到丝材物料的软化点之前，丝材与加热腔内壁之间有一段间隙不变的区域，称为加料段。随着丝材表面温度升高，物料熔化，形成一段丝材直径逐渐变细直到完全熔融的区域，称为熔化段。在物料被挤出口之前，有一段完全由熔融物料充满机筒的区域，称为熔融段。理论上，只要丝材以一定的速度送进，加料段材料就能够保持固体时的物性而充当送进活塞的作用。

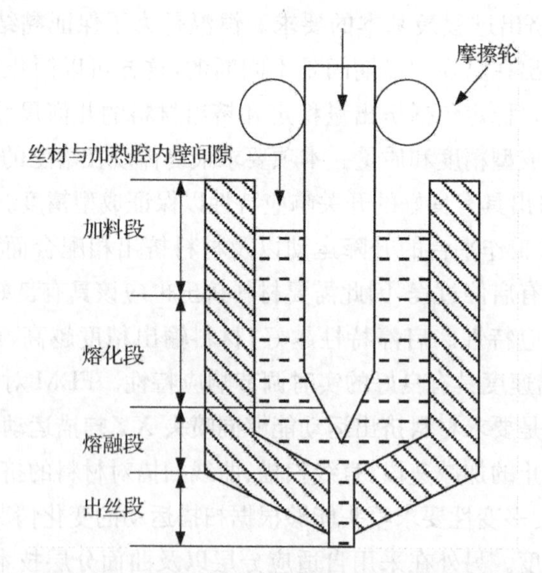

图 5-11　丝材在流道中熔融挤出过程示意图

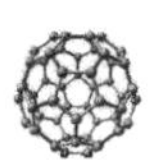

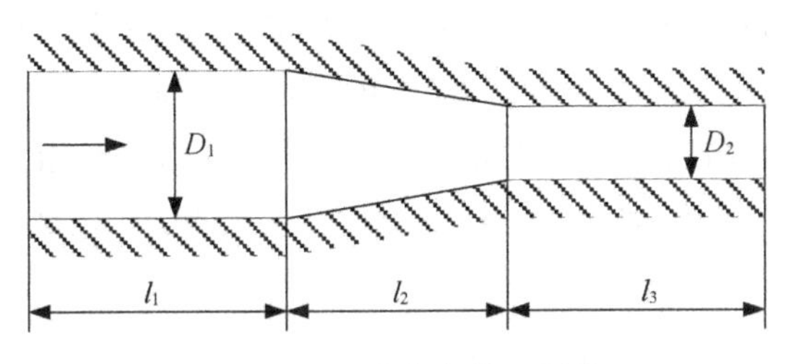

图 5－12　喷嘴流道示意图

如图 5－12 所示，挤出头结构可近似为三段：直径为 D_1 段的等截面圆管流动，由 D_1 到 D_2 的过渡段锥形管道流动和直径为 D_2 的等截面圆管流动。整个挤出头流道中的总压力差为三段压力差之和：

$$\Delta P=\frac{K_pQ^n}{D_1^{3n+1}}\left[l_1+\frac{g(K_D)}{3n}l_2+K_D^{3n+1}l_3\right] \tag{5-2}$$

式中，$K_p=-\pi_p u_0\gamma_0\left(\frac{4}{\pi\gamma_0}\right)^n$；无因次压力梯度 $\pi_p=-2^{n+2}\left(\frac{3n+1}{n}\right)^n$；$u_0$ 为参考黏度；γ_0 为参考剪切速率；Q 为熔体沿管道的体积流率；$K_D=\frac{D_1}{D_2}$；n 为流体动力黏性系数，对于牛顿流体，n 取 1，对于高聚物等非牛顿流体（如 ABS 熔体），n 取 1/3；系数 $g(K_D)=\frac{K_D(K_D^{3n}-1)}{K_D-1}$。

公式 5－2 计算流道两端的压力差实际上为熔体在流道中流动时的沿程压力损失，相应的阻力即为沿程阻力，它主要是由于材料黏性而在熔体中产生的摩擦阻力。另外，流道中局部可能存在的紊流对流体产生附加阻力非常小，在此将其忽略不计，即可认为，与上式计算的压力差相应的阻力即为流道对丝材送进的全部阻力。FDM 工艺中，由于流道中未熔丝材要承担活塞作用，利用丝材本身来传递驱动机构的驱动力，驱动力对熔体的作用面积即为丝材截面积，也就是流道入口处的截面积 S_1，因此所需的丝材送进的驱动力 F 的理论计算公式即为

$$F=\Delta P\times S_1=\frac{\pi}{4}\frac{K_pQ^n}{D_1^{3n-1}}\left[l_1+\frac{g(K_D)}{3n}l_2+K_D^{3n+1}l_3\right] \tag{5-3}$$

5.3.3　运动系统

FDM 的一种运动系统如图 5－13 所示。底板平台在电机的带动下可以

沿 Y 做前后运动；送丝打印头装置悬挂在 X 轴杆上，在电动机的带动下，打印头可以沿 X 轴做左右运动。平台和打印头的合作就是整个平台面上的平面运动。在打印机的两边各有三根竖杆，它是水平杆（Y 轴）做上下运动的轨道，也就是 Z 轴。把平面运动与水平杆上下运动组合起来，就是 X、Y、Z 三个方向的运动。

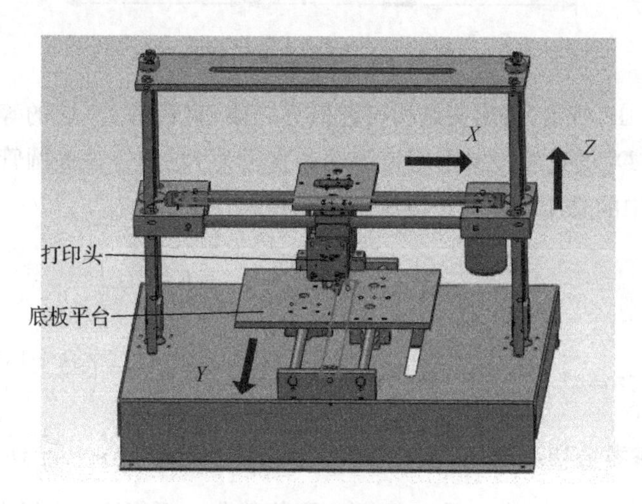

图 5-13　运动系统

5.4　FDM 系统控制技术

5.4.1　FDM 控制系统硬件

FDM 控制系统如图 5-14 所示，主要由计算机控制系统、运动系统、融熔挤压系统、温度控制系统及其他辅助系统组成。

计算机控制系统硬件由主控制器、运动控制卡、数模/模数转换卡、数字量输入卡和数字量输出卡组成。主控制器完成上层数据处理和下层设备驱动功能，使用接口板卡作为计算机控制系统与其他子执行系统的接口。

运动系统采用步进式开环运动控制系统，通过三个步进电机及其细分驱动器，以及检测开关实现运动机构和工作台的运动。利用步进电机易于开环精确控制，有无积累误差、系统简单、可靠性高等优点，满足运动机构和工作台的精度和稳定性要求。计算机控制系统通过运动控制卡实现对运动控制系统的控制。

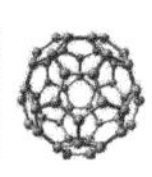

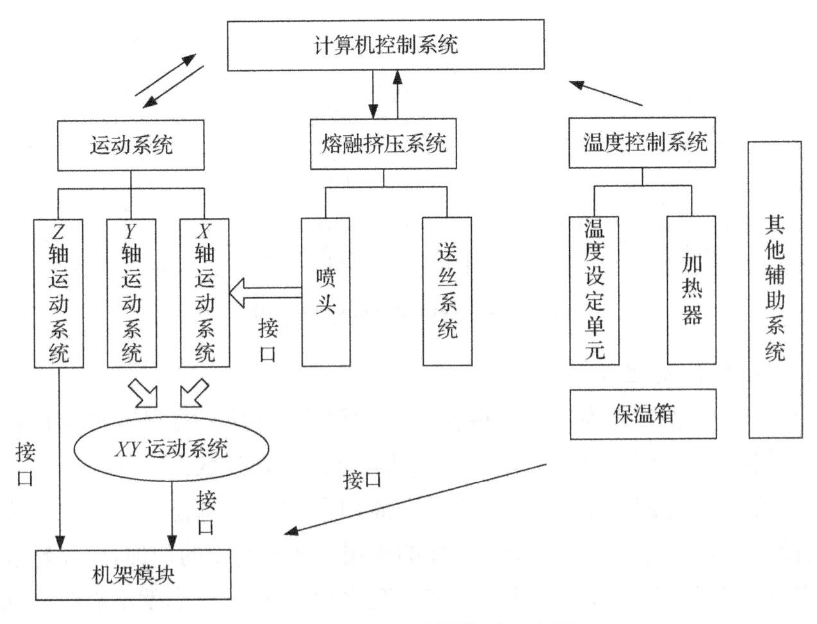

图5-14 FDM系统控制示意图

熔融挤压系统包括送丝机构驱动电路。它控制送丝机构的运动，从而将实体材料和支撑材料分别送入实体喷头和支撑喷头进行加热熔化，并通过挤压力将材料从喷头中挤出。计算机控制系统通过数字量输出卡和模数/数模转换卡，经过送丝机构驱动电路实现对送丝机构的启停、正反转和调速控制。

温度控制系统采用独立的闭环控制系统，由三组温控器、可控硅及热电偶组成。它实现在系统工作时，分别将实体喷头、支撑喷头和加热工作室的温度控制在设置的范围内。计算机控制系统通过数字量输出卡来控制温控器的启停。

其他辅助系统包含开关量控制系统，对强电开关量、加热器开关量、调试开关量、上门开关量等一些必要的开关量进行控制，以达到特定的辅助功能。计算机控制系统通过带光电隔离功能的数字量输入卡和数字量输出卡来完成它们的控制。

5.4.2 FDM控制系统软件

图5-15为数据处理程序，包括：三维模型切片模块、加支撑及路径生成模块和FDM插补、FDM标准数控代码生成模块及用户界面。

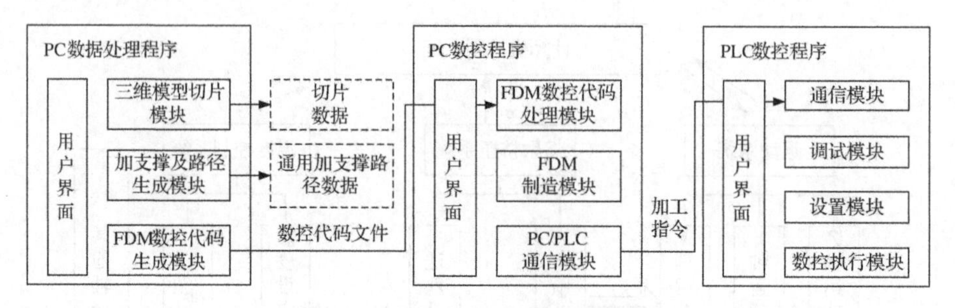

图 5-15 FDM 数据处理示意图

1. PC 数据处理程序

(1) 三维模型切片模块。三维模型切片模块的功能主要是:将用户提供的三维数据模型(如 STL 文件)进行切片,获得通用的切片数据文件。

(2) 加支撑及路径生成模块。FDM 加工时,每一层都是在前一层上堆积而成的,前一层对当前层起到定位和支撑的作用。随着高度的增加,层片轮廓的面积和形状都会发生变化,当形状发生较大变化时,前一层轮廓就不能给当前层提供充分的定位和支撑作用,从而使截面部分发生塌陷或变形,影响零件原型的成型精度,甚至使零件原型不能成型。这样就需要设计一些辅助结构,对后续层提供定位和支撑,以保证成型过程的顺利实现。因此,支撑结构的生成是 FDM 系统中的关键技术之一。加支撑及路径生成模块的主要功能是:根据切片算法获得的切片数据,经过数据处理,为 FDM 制件需要添加支撑的地方自动添加支撑,然后生成路径轨迹(包括轮廓环轨迹和路径填充轨迹),再进行路径优化等等,如果用户此时导出,可以获得通用的加支撑路径数据文件。该模块的核心内容是支撑生成算法、路径生成算法、路径优化算法等。

(3) FDM 数控代码生成模块。FDM 有一些重要的工艺参数,如分层厚度、路径宽度、喷头温度、环境温度、挤出速度、填充速度等,它们直接影响着成型过程和制件精度。因此要求在成型过程中对它们进行控制和调节,使得用户可自由设置,通过选择最合理的一系列工艺参数,从而达到最好的工艺效果。在这些工艺参数中,分层厚度、路径宽度等参数是在数据处理部分进行设置的,然后通过相应算法来实现对它们的控制。FDM 标准数控代码生成模块的主要功能是:根据加支撑及路径生成模块生成的加工路径,并根据 FDM 机床参数,将加工路径信息转换成标准的数控代码形式(如 G 代码和 M 代码等),以供 FDM 设备的数控系统使用。它的核心内容包括加工路径信息获得、FDM 数控代码生成与整合等。

2. PC数控程序

PC数控程序包括:FDM数控代码处理模块、FDM制造模块和PC/PLC通信模块及用户界面。

(1) FDM数控代码处理模块。为了采用标准化FDM工艺工程,FDM数据处理程序和FDM数控程序之间的数据接口采用国家标准的数控代码(G代码和M代码)。FDM数控代码处理模块的首要功能是:读取由FDM数据处理程序生成的FDM标准代码文件,读入数控加工程序,并进行译码及处理。它的核心内容包括FDM数控加工程序的输入、译码与处理等。

(2) FDM制造模块。FDM制造模块主要功能是完成单层制造、多层制造等功能,根据FDM设备要求和FDM数控代码生成一连串加工指令,这些加工指令经过PLC数控执行模块的解释和执行,完成各种电气操作。它的核心内容包括加工指令系统和加工指令的生成,以及为了完成制造过程PC与PLC之间的通信。

(3) PC/PLC通信模块。PC/PLC通信模块是完成FDM制造功能的一个重要部分,但又有其独立性,故单独地作为一个模块来实现,制造时由制造模块调用。它的主要功能是完成PC与PLC的数据和命令的通信,达到完成FDM系统的制造功能。它的核心内容包括FDM串口通信协议(FDM serial port communication protocol,FSPCP)等。

3. PLC数控程序

PLC的数控程序包括:与PC通信的PLC通信模块,用来调试FDM机床的调试模块,用来设置如喷头温度、环境温度、送丝速度、填充速度等加工参数的设置模块,以及驱动执行机构的数控执行模块和用户界面。

(1) PLC通信模块。通信模块负责接收发送的数控代码和控制信息等,同时传送现场状态信息给PC机。FDM数控系统只有一台PC和一个PLC,且两设备均在现场,因此选择单主站式通信方式,其中PC为主站,PLC为从站。PC机与PLC之间用PC/PPI电缆连接,选择自由端口通信方式,PLC使用接收中断、发送中断、XMT指令、RCV指令,来实现PLC的自由端口通信。通信协议使用FDM串口通信协议(FSPCP)。

(2) 数控执行模块。该部分为制造原型时的具体执行模块,需要编程实现加工指令解释、同步管理、对象管理、数控驱动等功能。考虑到通信传输速率与PLC执行指令速度之间不匹配,在PLC内存中开辟1个数据缓冲区,PC机传送数控代码至PLC内存缓冲区中存放,CPU对数控代码进行分析后执行相关指令,驱动外部执行机构完成数控动作。

(3) 设置模块。为了方便地调节工艺参数,得到最佳成型效果,需要对挤出速度、填充速度、喷头温度和环境温度等工艺参数进行控制。PLC数控程序的设置模块主要是对上述工艺参数进行设置。首先,通过对与PLC相连的触摸屏进行设置,之后通过速度控制和温度控制等技术来实现参数的控制。

(4) 调试模块。在FDM系统工作前或实验过程中须对系统进行调试,以检查FDM设备各项工作是否正常,同时也方便设备装机调试和维修调试。运动机构调试包含当前位置显示、三轴点动调试、联轴点动调试、XY两轴运动到指定位置调试、三轴运动位移调试等;对喷头须完成送丝机构的开和关、正反转等调试;此外还要完成喷头、速度和成型室温度的调试。

5.5 FDM工艺成型质量影响因素

FDM必须把复杂的三维加工转化为一系列简单二维加工的叠加,其成型产品精度主要取决于二维$X-Y$平面上的加工精度和高度Z方向上的一系列叠加精度。

5.5.1 FDM机器误差

FDM机器误差是设备本身的误差,属于系统误差,应尽可能减小。FDM机器误差主要包括以下3种类型。

1. *工作台引起的误差*

工作台引起的误差分成Z轴方向的运动误差和$X-Y$平面的误差。Z轴方向的运动误差会直接影响产品在Z方向上的形位误差,令分层厚度方向的精度变差,引起产品表面的光洁度值增加,因而必须确保工作台面与Z轴的垂直度;工作台在$X-Y$平面的误差指工作台表面不水平,使得制件的理论设计形状与实际成型形状有很大的差别。

2. *X,Y轴导轨的垂直度误差*

$X-Y$扫描系统是采取X,Y轴的二维运动,X,Y轴选取交流伺服电动机通过精密滚珠丝杠传动,同时选取精密滚珠直线导轨导向,由步进电机驱动同步齿轮同时带动喷头运行,每个传动过程均会有误差的产生,设备的加工质量受到现

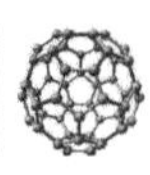

代机械加工水平的制约，它是全部设备加工中普遍存在的问题，难以解决。为了尽量减少这种误差，必须定期检测和维护成型设备。

3. 定位误差

在 X,Y,Z 三个方向上，成型机的重复定位均可能有所不同，从而造成了定位误差。

5.5.2　CAD 模型误差

FDM 的第一步就是设计理论上的三维 CAD 模型，这一步可由三维造型软件完成，为了进行下一步的模型切片分层处理，必须对此 CAD 模型进行转化，而多数快速成型系统使用标准的 STL 数据模型来定义成型的零件，它是一种用许多空间小三角形面片来逼近三维实体表面的数据模型。在 CAD 系统将三维 CAD 模型转换成 STL 数据模型的过程中，会出现对三维零件描述的一系列缺陷，主要有：

(1) 采用 STL 格式的三角形面片近似逼近 CAD 模型的表面，这本身即是近似的方法，此文件格式把 CAD 模型连续的表面离散成三角形面片的集合，当实体模型的表面均为平面时将不会产生误差。但对于现实中的物体而言，曲面是大量存在的，无论曲面精度如何高，也无法完全表达原表面，这种误差就是不可避免的。另一方面，当有数个曲面进行三角化时，位于曲面相交的地方将有缝隙、重叠、畸变等缺陷的产生，同样导致了模型精度的降低。

(2) 分层后的层片文件(采用 CLI 格式)用线段近似逼近曲线，又将引起误差。很多研究者提出了减小这类误差的措施，比如增加三角形面片的数目可以减小这类误差，但是不可能彻底消除它，而且增加三角形面片会使 STL 文件过大和加工时间增加；另外一些研究者研究采用新的模型格式，比如用 STEP 格式替代 STL 格式，结果证明可以大大减小这类误差，但是 STEP 文件格式的文件量比 STL 文件格式的大很多，同样影响软件运算处理速度。

5.5.3　切片引起的误差

在 FDM 加工前需要对三维 CAD 实体模型进行叠层方向的离散化处理，称为分层切片。分层切片就是用一系列平行于 XOY 坐标面的平面截取 STL 实体数据模型进而获取各层的几何信息，每个层片包含的几何信息组合在一起构成整个实体模型的数据。通过对实体做切片处理，就能够把三维加工问题转换成

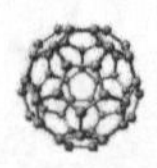

大量的二维加工问题，满足熔融沉积成型的需要。

1. 分层方向尺寸误差

分层处理的时候，确定了分层厚度后，如果分层平面恰好是模型的顶面或底面，那么分层所得到的多边形正好是该平面的地方实际轮廓线的内接多边形；如果分层平面与上述两平面不一致，即沿分层方向某一尺寸不能整除分层厚度时，可能引起分层方向的尺寸误差。合适的分层厚度能够减小这种误差，开发自适应分层处理软件，采用智能化的分层处理算法，在零件轮廓变化频繁的特征结构处采用较小分层厚度，在零件轮廓变化缓慢的特征结构处采用较大分层厚度，这样可以减少这类误差的产生。

2. 台阶误差

对已经离散化的 STL 格式的模型分层切片，因为切片层之间有一定的距离，所以切片不仅破坏了模型表面的连续性，而且丢失了两切片层之间的信息，导致原型产生形状上的误差，模型的侧表面会出现像阶梯一样的不连续现象，称为“台阶”效应，使表面光滑度变差，如图 5－16 所示。分层厚度较大时，原型表面会有明显的台阶，影响原型的表面质量和精度；分层厚度较小时，原型精度会较高，但需要加工的层数增多，成型时间也较长。也可以采用不同的切片方法来减小误差，如采用自适应切片、分层方向优化等。

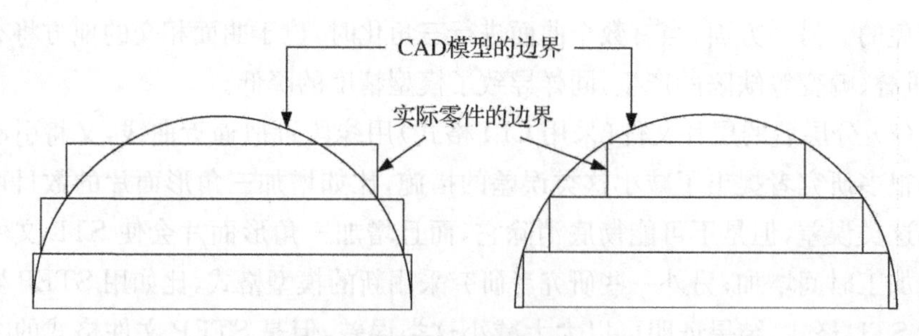

图 5－16　切片的“台阶”效应

5.5.4　喷丝宽度引起的误差

FDM 的喷丝带有一定的宽度，导致填充零件轮廓路径时的实际轮廓线部分超出理想轮廓线，所以在生成轮廓路径时，有必要考虑补偿理想轮廓线。补偿量必须是挤出丝宽度的一半，但是在实际 FDM 加工时，挤出丝的形状、大小受喷嘴孔直径、切片厚度、挤出速度、填充速度、喷嘴温度、成型室温度及材料收缩率

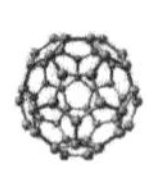

等很多因素的影响，所以，挤出丝宽度为一个变化的量，FDM 工艺喷丝宽度示意图如图 5－17 所示，下面介绍补偿量的计算。

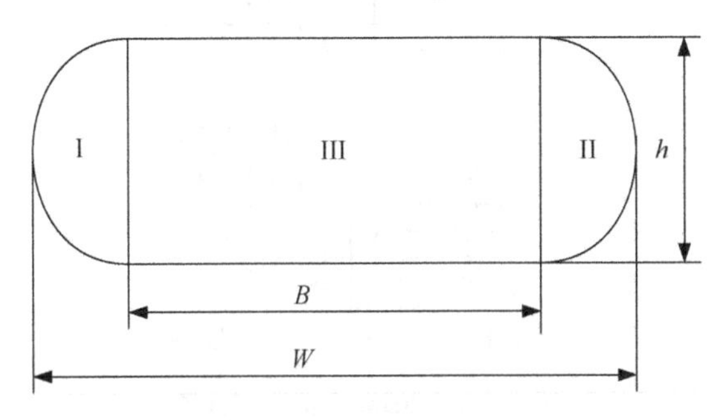

图 5－17　FDM 工艺喷丝宽度示意图

(1) 当挤出速度较小时，挤出丝的截面形状可以简化成如图 5－17 所示的矩形区域Ⅲ。求解如式 5－4：

$$W = B = \frac{\pi d^2}{4h}\frac{v_j}{v_i} \tag{5-4}$$

式中，v_j 表示挤出速度，v_i 表示填充速度，d 表示喷嘴直径，h 表示切片厚度，B 表示丝宽模型矩形区域的宽度，W 表示丝宽模型截面的宽度。

(2) 当挤出速度较大时，那么挤出丝的截面形状为图 5－17 所示的曲线区域Ⅰ和Ⅱ。求解如式 5－5：

$$W = B + \frac{h^2}{2B} \tag{5-5}$$

式中，$B=\frac{\lambda^2-h^2}{2\lambda}$，$\lambda=\frac{\pi d^2}{2h}\frac{v_j}{v_i}$。

5.5.5　材料收缩引起的误差

FDM 在填充方向上，熔融态的 ABS 分子被拉长，而在后面冷却时又会收缩，这种取向作用能够令丝状材料在填充方向上的收缩率比与该方向垂直的收缩率要大。这种收缩引起产品的外轮廓向内偏移、内轮廓向外偏移，引起很大的误差，如图 5－18 所示。在填充方向上的收缩量按照 5－6 式计算：

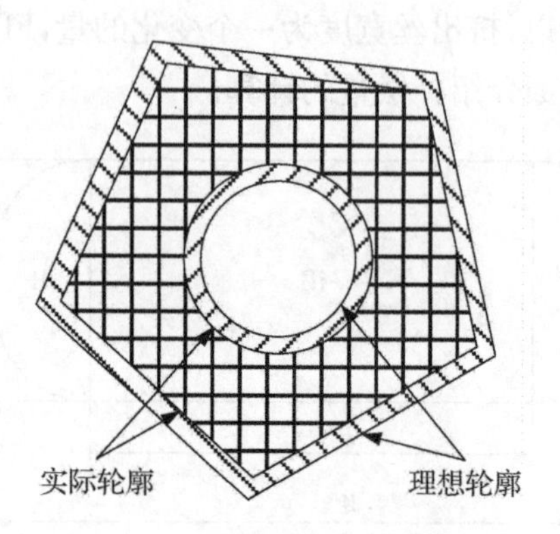

图 5-18　FDM 产品收缩误差

$$\Delta L_1 = \beta\delta_1\left(L + \frac{\Delta}{2}\right)\Delta t \qquad (5-6)$$

式中，β 是考虑实际模型尺寸的收缩量受模型的形状、每层成型时间等因素的影响，按照经验估算，β 约为 0.3，δ_1 表示材料的线膨胀系数，L 表示模型 X（或 Y）向尺寸，Δt 表示温差，Δ 表示产品的公差。

堆积方向上的收缩量根据有关研究，取 $\delta_2 = 0.7\delta_1$，收缩量按照式 5-7 计算：

$$\Delta L_2 = \beta\delta_2\left(L + \frac{\Delta}{2}\right)\Delta t \qquad (5-7)$$

考虑材料收缩问题，能够选择如下解决方法：针对尺寸收缩采用 CAD 造型步骤的预先尺寸补偿。对于填充方向即 X（或 Y）方向，取 ΔL_1 的补偿量；而堆积方向，取 ΔL_2 的补偿量。

5.6　FDM 的应用

FDM 技术已被广泛应用于汽车、机械、航空航天、家电、通信、电子、建筑、医学、玩具等产品的设计开发过程，如产品外观评估、方案选择、装配检查、功能测试、用户看样订货、塑料件开模前校验设计以及少量产品制造等，也应用于政府、大学及研究所等机构。用传统方法需几个星期、几个月才能制造的复杂产品原型，用 FDM 成型法无须使用任何刀具或模具，短时间便可完成。

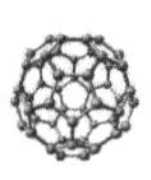

1. FDM 在日本丰田公司的应用

丰田公司采用 FDM 工艺制作右侧镜支架和四个门把手的母模，通过快速模具技术制作产品而取代传统的 CNC 制模方式，使得 2000 Avalon 车型的制造成本显著降低，右侧镜支架模具成本降低 20 万美元，四个门把手模具成本降低 30 万美元。

2. FDM 在美国快速原型制造公司的应用

从事模型制造的美国 Rapid Models & Prototypes 公司采用 FDM 工艺为生产厂商 Laramie Toys 制作了玩具水枪模型，如图 5－19 所示。借助 FDM 工艺制作该玩具水枪模型，通过将多个零件一体制作，减少了传统制作方式制作模型的部件数量，避免了焊接与螺纹连接等组装环节，显著提高了模型制作的效率。

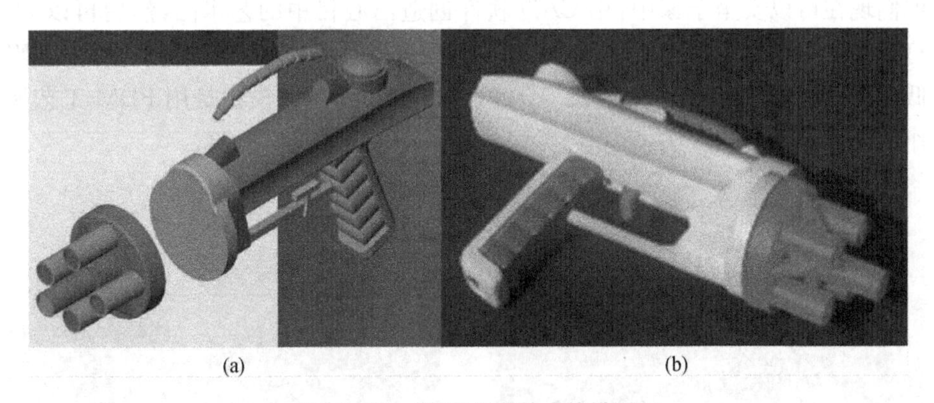

(a)　　(b)

图 5－19　FDM 打印的水枪模型

3. FDM 在 Mizuno 公司的应用

Mizuno 是世界上最大的综合性体育用品制造公司。Mizuno 美国公司开发一套新的高尔夫球杆，通常需要 13 个月的时间。FDM 的应用大大缩短了这个过程，设计出的新高尔夫球杆用 FDM 制作后，可以迅速地得到反馈意见并进行修改，大大加快了造型阶段的设计验证，一旦设计定型，FDM 最后制造出的 ABS 原型就可以作为加工基准在 CNC 机床上进行钢制母模的加工。新的高尔夫球杆整个开发周期为 7 个月，缩短了 40％的时间。

4. FDM 在生活中的应用

除了上述的一些大公司采用 FDM 工艺以外，在我们的生活中，FDM 工艺也无处不在。图 5－20、图 5－21 所示都是 FDM 工艺在生活中的应用实例。

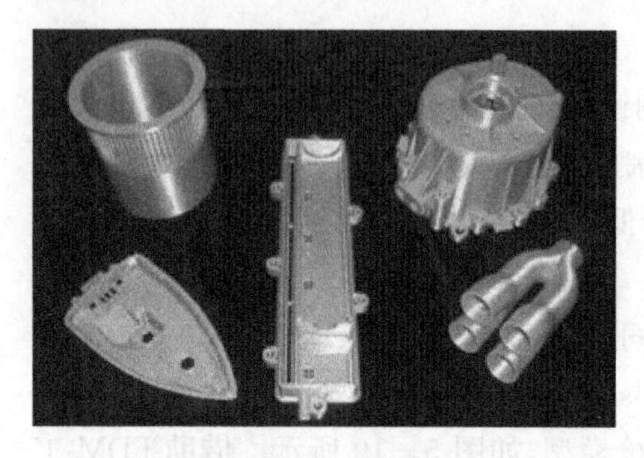

图 5－20　耐高温构件

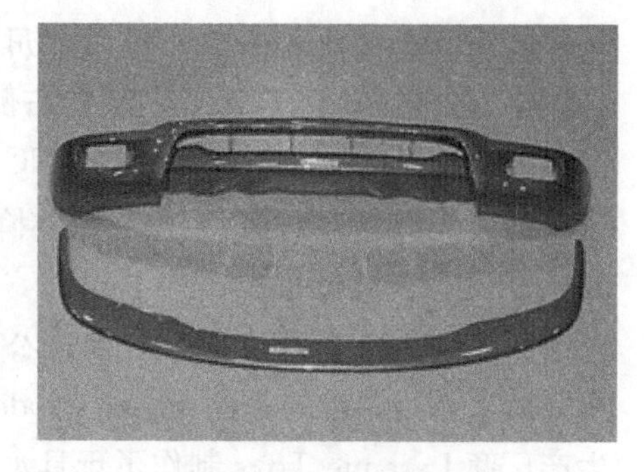

图 5－21　汽车保险杠

艺术品是根据设计者的灵感，构思设计加工出来的。随着计算机技术的发展，新一代的艺术家及设计师，不需要整天埋头于工作间去亲手制造艺术作品。他们现在可以安坐于家中，用 CAD 软件创造出心目中的艺术品，然后再以 3D 打印技术把艺术品一次性“打印”出来，可以极大地简化艺术创作和制造过程，降低成本，更快地推出新作品。图 5－22、图 5－23 所示的模型是用 FDM 工艺制作的艺术品。

图 5－22　FDM 打印的头像

图 5－23　FDM 打印的雕塑

思考题

1. 简述 FDM 的成型过程。
2. FDM 有哪些优缺点？
3. 理想的 FDM 喷头需满足什么要求？
4. 简述气压式熔融沉积快速成型系统的工作原理。

第6章　生物3D打印工艺

生物三维打印是近年来随着电子学、材料学、工程力学、计算机科学技术等多学科的进步而发展起来的一门高科技新型学科，是生命科学与现代制造科学的新兴交叉学科，是保障人类身体健康、促进医学医疗水平进一步发展的基础。

6.1　概述

生物三维打印是在三维打印技术的基础上，结合细胞生物学、生物材料学等多种技术的研究成果，发展而来的一种新型的生物医学工程技术，其最终目标是实现人体器官打印。具体地说，生物三维打印就是面向生物医学问题，以三维设计模型为基础，基于软件分层离散和数控成型的方法，通过材料微滴(粒)和细胞—材料单元的受控组装，设计和制造所需的具有生物活性的人工器官、植入物或细胞三维结构。

按照人体各部位的复杂性，可以将人体器官分为无生命的身体部位，如牙冠和假肢；简单的活性组织，如骨与软骨；较为复杂的器官，如血管系统和人体皮肤；以及最为复杂且关键的器官，如心脏、肝脏和大脑。目前，生物三维打印技术已经可以实现人体器官最底层部位的打印并且逐步进入商业化阶段。打印更复杂的人体器官，是生物三维打印技术未来的发展方向。

生物三维打印技术的发展空间巨大，主要原因包括：

1. 广阔的全球医疗领域需求

2009年美国在医疗卫生方面的开支达到2.5亿美元，约占美国GDP的17.6%，国民收入的40%。美国卫生部进一步预测，到2018年美国在医疗方面的支出将达到GDP的20.3%。由此可见，生物三维打印具有庞大的市场规模。

2. 生物打印技术具有快捷、准确、个性化定制、擅长制作复杂形状实体的特点

生物打印技术所特有的优势使得这项技术更易于满足病体在身体构造、病理状况方面的特殊性和差异化需求。将三维打印技术与医学影像建模、计算机仿真技术相结合,必将在人工假体、植入体、人工组织器官的制造方面产生巨大的推动作用。

作为一项国际最前沿的生物制造技术,生物三维打印所提供的复杂生物三维结构的构建手段,对生物医学领域的基础研究、药物开发和临床应用都具有重要的促进作用。

6.2 生物3D打印技术原理及分类

与普通三维打印技术原理相似,生物三维打印技术也是一种基于离散堆积制造加工原理的制造技术,但其操作的对象主要是细胞、生物材料和生长因子等。2003年,Vladimir Mironov等提出将3D打印技术运用于组织制造的设想,即将细胞/基质打印堆积形成三维细胞体系并自行融合形成组织器官。该技术通过计算机控制技术可以将不同细胞或者细胞外基质精确定位于支架内部,对于解决厚大组织血管化问题非常有效,能在较短的时间内堆积得到相应的活性器官或功能单元体。因此,生物三维打印技术对于解决上述传统组织工程中存在的支架形态控制和细胞分布控制等问题十分有效,为组织工程、生物细胞学和医学等领域提供了新的研究方法。

生物打印技术按照原理,主要分为以下三种:激光打印、喷墨打印和挤出沉积。

6.2.1 激光打印技术

激光生物打印技术主要利用激光对微量物质的光镊效应和热冲击效应来沉积细胞液滴。根据所采用的细胞沉积原理,激光打印可分为激光诱导直写(laser guided direct writing,LGDW)和激光诱导转移(laser induced forward transfer,LIFT)两种不同技术。

LGDW技术由Renn等在1999年提出,其原理是利用激光束对细胞的作用力沉积细胞。当一束激光作用于细胞或含细胞的液滴时,可在平行于激光束和

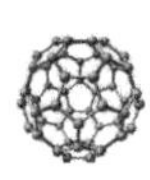

垂直于激光束的两个方向上产生分力，从而使细胞在水平和垂直方向上移动，如图 6-1(a)所示。LIFT 技术利用激光对材料的热冲击进行微量材料的转移。当一束激光透过透明基体并聚焦在薄膜和基体之间的界面处时，由于激光与被转移材料的相互作用，微量的薄膜材料被迫离开基体并沉积在基体下方的接收层，如图 6-1(b)所示。

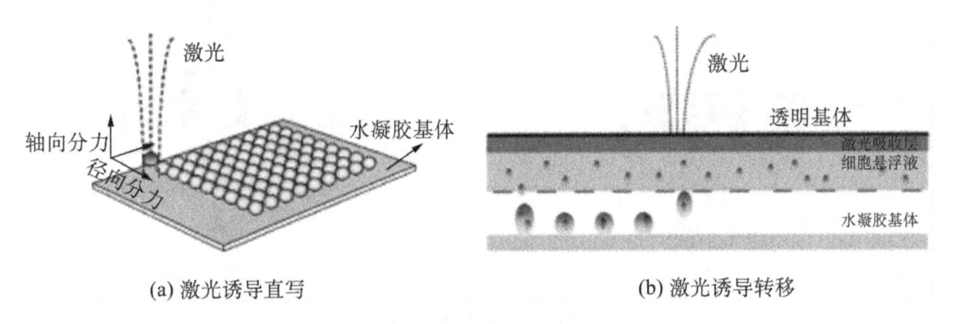

(a) 激光诱导直写　　(b) 激光诱导转移

图 6-1　激光打印技术

激光细胞打印的优势主要在于分辨率高、无喷嘴、无针管、非接触，能够精确控制单个细胞液滴，保证活体细胞的精确排布，同时可将多种生物材料和细胞打印在不同的培养基上，从而防止细胞的污染及培养基的损伤。

目前存在的问题主要有：打印效率较低，制造时间长，无法达到实现构建组织的生产要求；采用激光诱导转移技术时，激光的热冲击可能会导致细胞受到热损伤，甚至损害细胞，同时还会引起细胞溶液的蒸发；激光在第三维方向上的打印具有局限性，要实现异质性组织结构打印需要扩展第三维方向的打印功能。

6.2.2　喷墨打印技术

喷墨打印技术自 20 世纪初引入以来得到了快速发展，是最早运用于生物打印的技术。它采用非接触的打印技术将计算机中组织器官的数字模型，利用生物墨水(由细胞、细胞培养液和凝胶前驱体溶胶三者的混合体构成)复现在基板上。目前用于喷墨生物打印技术主要分为两类：压电喷墨打印技术和热喷墨打印技术。

热喷墨打印的原理是利用电加热元件(如热电阻)喷射液滴。打印时，加热元件可在几微秒内迅速升温，促使喷嘴底部的油墨汽化形成气泡，气泡形成时所产生的压力使一定量的墨滴克服表面张力被挤压出喷嘴，如图 6-2(a)所示。

压电喷墨打印的原理是利用压电陶瓷材料的伸缩形变行为喷射液滴。将多片压电陶瓷片层叠放置在打印机的喷嘴附近，在电压作用下压电陶瓷发生形变，使喷嘴中的墨汁喷射出去，如图 6-2(b)所示。与热喷墨技术相比，压电喷墨打印技术的应用范围更广，打印速度更快，对生物材料的损伤更小。

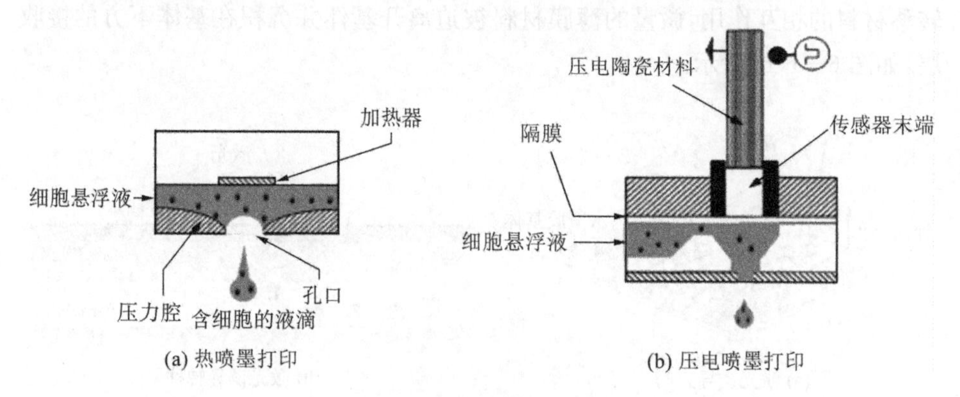

图 6-2　喷墨打印技术

喷墨打印技术主要优点有：① 喷墨打印可以通过集成多个喷嘴来同步打印细胞、生长因子、生物材料等，有望构建出异质性组织和器官；② 喷墨打印为非接触打印，喷头与培养液相互分离，防止在打印过程中喷头与培养液交叉感染，可以在固体、水凝胶和液体上面打印，对打印表面无平整性要求，有利于原位打印；③ 喷墨打印速度快、效率高，适合大型器官制造；④ 喷墨打印控制液滴体积比较小，与单个人体细胞尺寸相近，可以对单个细胞进行精细操作。

虽然喷墨打印技术目前的研究比较多，并已应用于多个领域，但也存在一定的局限性：① 喷头直径过小，容易引起细胞沉淀和聚集，限制了细胞高密度打印；② 采用热喷墨打印技术，喷嘴处温度较高，对于细胞具有很大伤害，同时存在的剪切应力也降低细胞活性；③ 液滴之间的彼此融合并不容易，而液滴的形态也不能被精确控制，打印结构的完整性是喷墨打印技术需要解决的一个问题。

6.2.3　挤出沉积打印技术

挤出沉积技术是通过外力连续挤出纤维线条来进行活细胞打印，主要有电机—丝扛直驱、螺杆挤出和气动挤出等。如图 6-3(a)所示，通过气压控制，将生物材料挤出沉积出来。沉积过程中，细胞封混在生物材料溶液中，以线条形式精确沉积形成理想的三维结构。目前已有机构研制出多喷头生物打印系统，如图 6-3(b)所示，能够同时沉积细胞和多种生物材料。挤出沉积打印细胞活性受到

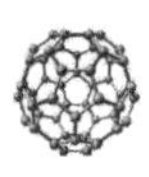

材料流速、浓度、沉积压力和喷嘴结构影响。

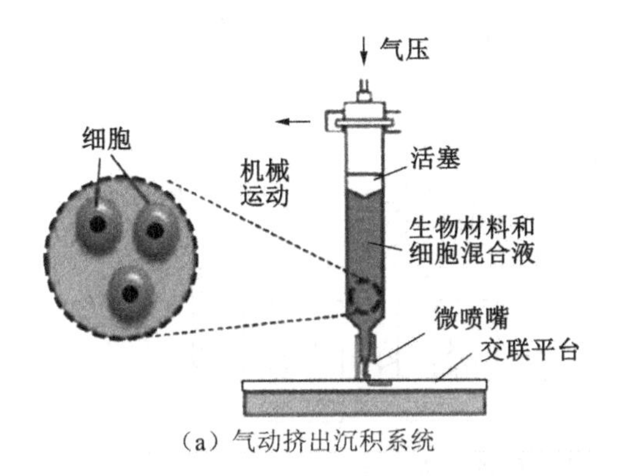

（a）气动挤出沉积系统

（b）多喷头挤出沉积系统

图 6－3　挤出沉积技术

6.3　生物 3D 打印的应用

生物三维打印的应用可按照成型材料的生物性能不同，分为四个层次：第一层是生物不相容、不降解材料，如骨骼模型，可用于手术规划、假肢设计。第二层是生物相容，但不能被降解材料，如人工假肢植入物，可用于整形、关节置换等。第三层是既生物相容，又能被生物降解的材料，如 TCP、PLGA 等，可用于制造组织工程支架等。第四层是活细胞或细胞—材料复合体，如各种人体细胞，可用于构建三维细胞结构和组织或器官胚体。

6.3.1　医用三维实体模型的构建

现代医学对骨骼和肌肉损伤、先天畸形和其他需要外科手术的疾病，通常采用 CT/MRI 扫描所得的影像结果来诊断病人的情况，并确定相应的手术方案。CT 诊断技术具有较高的空间分辨率、较好的三维几何精度和快速扫描等特性。MRI 技术可以采用有色树脂制造出有色的医学模型，以便区分不同组织结构。

CT/MRI 所采用的切片原理与三维打印技术的逐层叠加原理是一致的，来自 CT/MRI 的数据经过转换和建模就可以应用于三维打印系统。三维实体模型的制作一方面能促进扫描信息精确化、清晰化，提高诊断准确度；另一反面方便外科医生在手术前，特别是在一些复杂的手术前，与医学专家进行充分的沟通和讨论或进行手术预操作。

CT/MRI 扫描获得的模型称为医疗模型，从医疗模型到医学实体模型，需要通过专用软件对扫描影像进行处理后，才能将其重建为三维打印所需的三维模型，处理过程如图 6-4 所示。

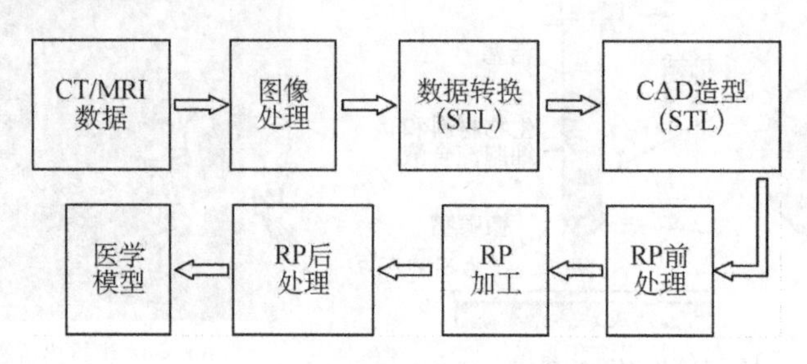

图 6-4　医学实体模型建立过程

其中，图像处理部分包括图像预处理、特征区域分割、图像开操作、边缘检测、轮廓采样等。常用的图像平滑方法主要有均值滤波、中值滤波和噪声模糊，以去除噪声。如图 6-5 所示，为人体右侧办骨盆置换手术的案例中，对 CT 图像数据进行的图像处理过程演示。获得所有层的骨盆轮廓后，进行合并即可获得骨盆整体模型。

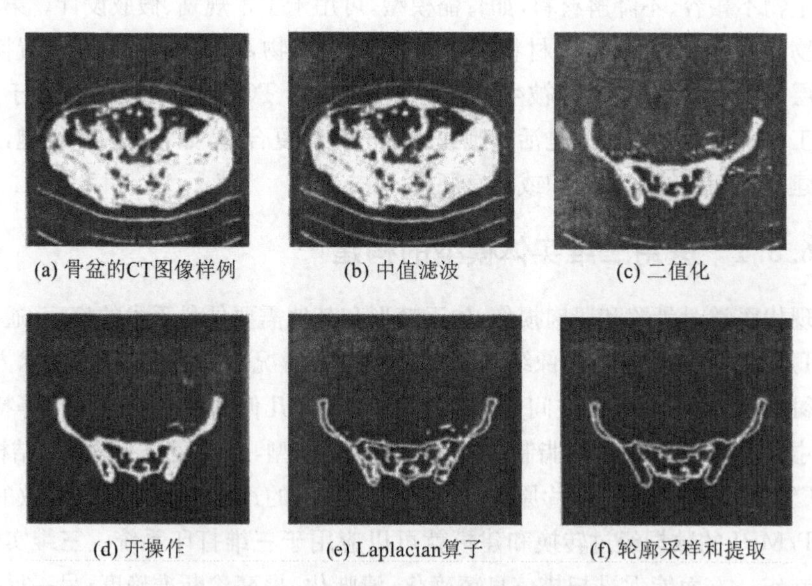

(a) 骨盆的CT图像样例　(b) 中值滤波　(c) 二值化

(d) 开操作　(e) Laplacian算子　(f) 轮廓采样和提取

图 6-5　CT 图像的处理和轮廓提取

CT/MRI 扫描机输出的影像数据格式为 DICOM（digital imaging and

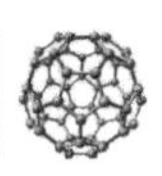

communication in medicine，医疗数字影像和通信）文件，一般由文件头和数据集合组成。文件头包括文件前言和 DICOM 前缀。数据集合包括标签、VR（value representation，数据描述）、数据长度和数据域。而三维打印机最常用的图像格式为 STL（stereo lithography interface specification），它由一系列小三角形平面来逼近自由曲面。

MIMICS（materialise's interactive medical image control system）软件解决了从 CT/MRI 影像到三维打印机系统的接口问题，它主要包括 CT-convert、C-SUP、CTM 与 MedCAD 四个模块。

其中，CT-convert 是 MIMICS 中的前端数据输入模块，用于读取 CT 影像数据并转化为 CT-Modeller 数据格式。C-SUP 能自动计算和生成快速成型模型中所需的支撑结构。CTM 能通过插值计算缩小 CT/MRI 模型中的扫描间隔并生成三维虚拟模型。MedCAD 用适当的文件格式输出文件。

如图 6－6 所示为 MIMICS 软件读入的原始图像数据，CT 的层间距为 0.4 mm。

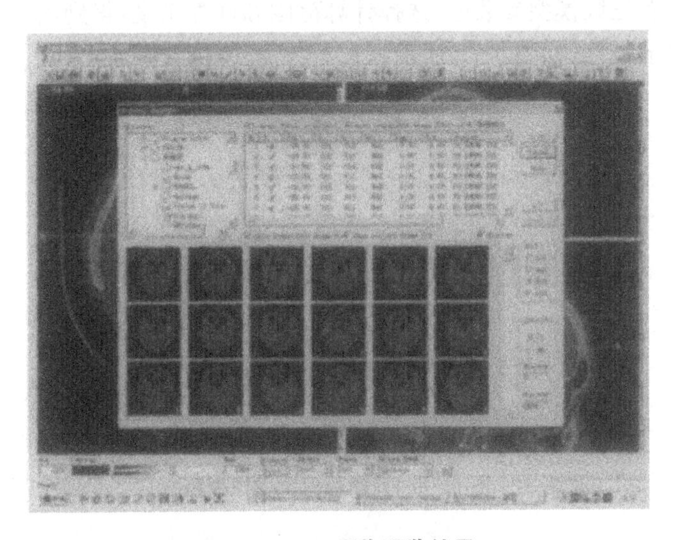

图 6－6 CT 图像预览结果

图 6－7 为用灰度拉伸法修正后的效果，可以看出，可接受的信息量得到了增强，图像质量得到改善。再通过设定阈值，过滤出骨骼组织，让符合条件的组织分离出来。

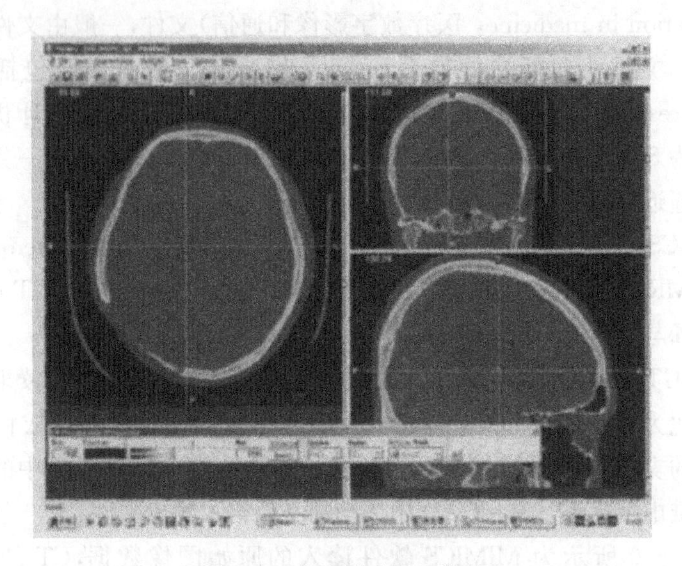

图 6-7　灰度对比显示结果

通过设置三维模型参数值、选择计算范围和计算精度，得到由 CT 数据重构出的人体骨骼模型，如图 6-8 所示。

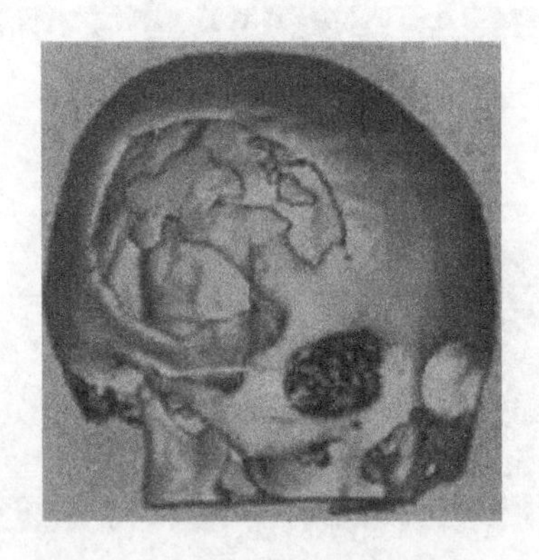

图 6-8　重建的三维虚拟模型

6.3.2　医学模型的构建

3D 打印技术在医学方面的一大应用是快速构建医学模型。随着影像学和数字化医学的快速发展，利用 3D 打印技术构建三维立体模型，可用于医疗教学和手术模拟，有利于外科医生对一些复杂的手术进行模拟，以制定最佳的手术方

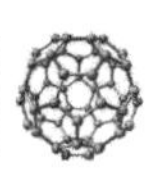

案，提高手术的成功率。目前可用于医学模型构建的3D打印技术有FDM、SLA、SLS、3DP等，可用于神经外科、脊柱外科、整形外科、耳鼻喉科等外科手术进行术前规划和手术模拟，如图6-9所示。据报道，美国国家儿童医学中心利用3D打印机成功打印出首个患者的心脏模型，便于医生在术前对患者的心脏结构进行深入的了解。Won等利用快速成型技术，对21例髋骨严重畸形的病例进行术前模拟，根据髋骨模型中畸形的大小和位置信息，制定出完善的全髋关节置换术，成功按照模拟进行了手术。美国3D Systems公司研发了一种合成树脂，能在需要强调的区域进行颜色处理，这是目前唯一可以在制造模型时使用光敏染料技术使其颜色化的光固化树脂，拓宽了医学模型的应用范围和使用效果。医学模型的应用具有缩短手术时间和优化手术方案等优点，在未来有着广阔的发展前景。

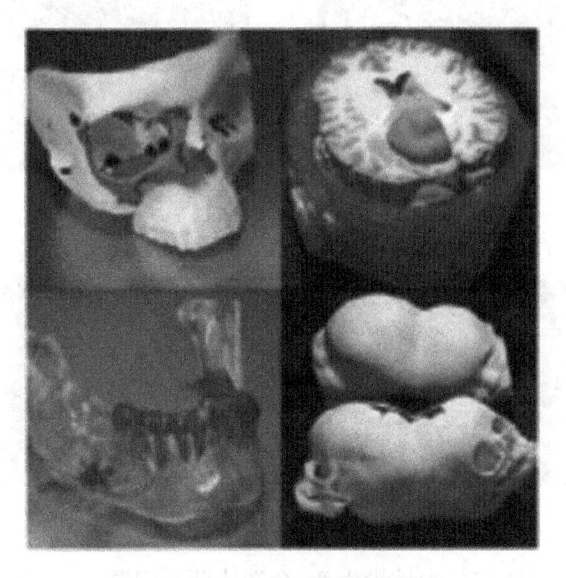

图6-9 3D打印构建医学模型

6.3.3 植入性假体制作

植入性假体通常由金属、塑料、陶瓷等材料，经过铸造、锻造、冲压、模压、切削加工而成。以骨科为例，植入性假体包括骨关节假体、接骨板、矫形用棒、髓内针、脊柱内固定器等，如图6-10、图6-11所示。另外还包括牙冠、牙齿矫正器、隐形眼镜、助听器等，如图6-12所示。

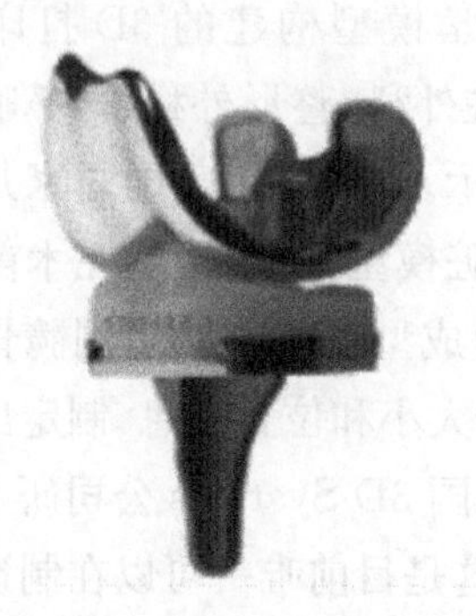

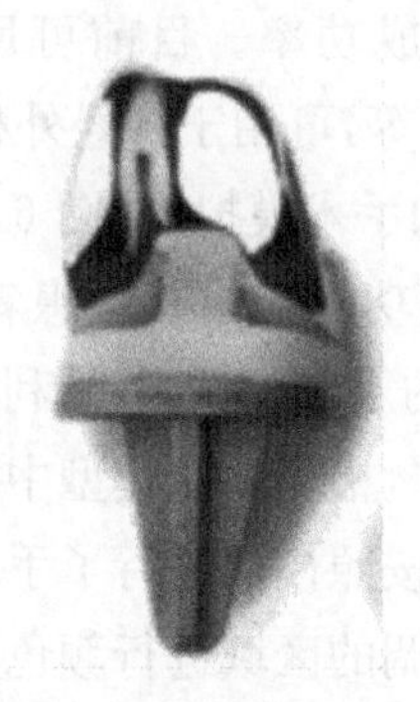

图 6-10　膝关节假体

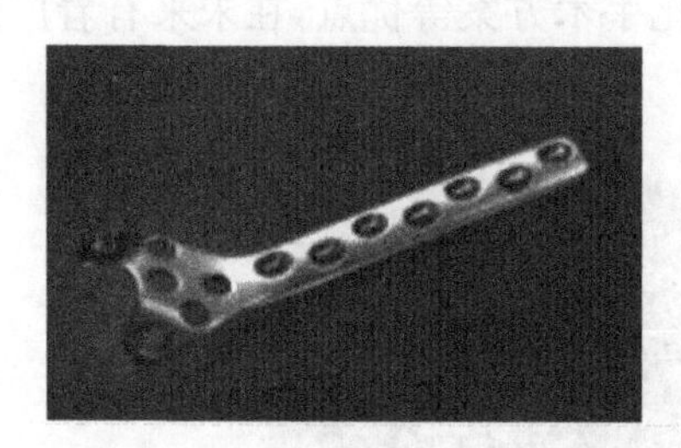

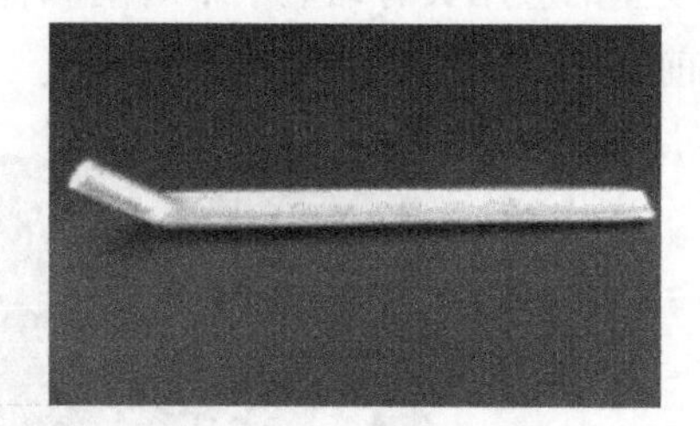

图 6-11　接骨板

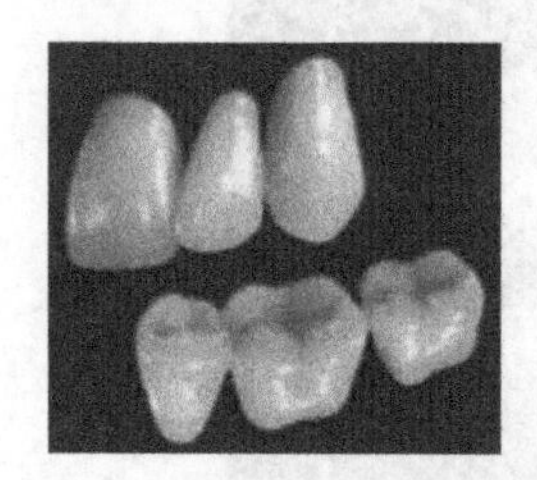

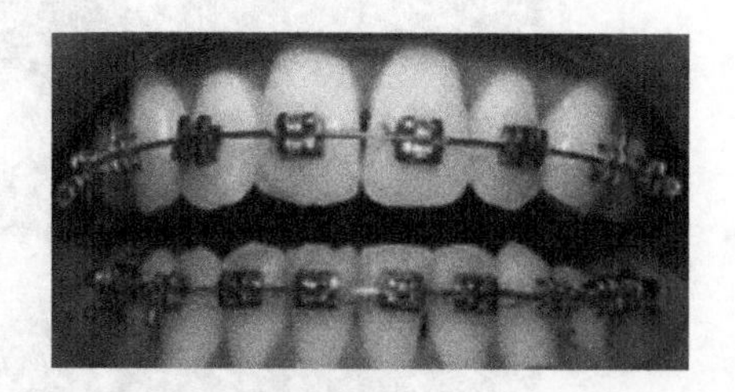

图 6-12　人工义齿、牙齿矫正器

传统植入性假体往往为批量生产，会造成两个问题：一是医生只能从标准系列产品中选择比较接近的假体，匹配性差、患者佩戴不舒适；二是制作过程工艺复杂，制作周期长，不利于新产品研制。

采用三维打印技术制作植入性假体，主要具有以下优点：采用材料逐步堆积成型，适合制作形状复杂或不规则的假体对象；可以根据不同患者需求，个性化定制假体；工艺环节少，制作周期短，成本低；涉及的加工设备少，医院可自行置购并开发特殊高性能的假体。

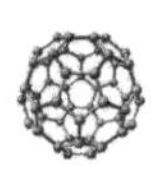

牙体或牙列缺损或缺失的患者数量日趋增大，义齿的传统制造方法存在多种弊端。从 20 世纪 70 年代以来，口腔 CAD/CAM 技术开始进入口腔修复领域，该技术一改以往的纯手工加工，开创了修复体自动化加工的新阶段，被称为口腔修复领域的"第二次技术革命"。目前义齿 CAD/CAM 系统多采用数控切削方法，但对于形状不规则或细小结构，数控机床的切削加工工艺往往无法完全达到要求，且浪费材料、成本较高。

近年来，快速原型（rapid prototyping，RP）技术被引入口腔医学领域。王晓波和金树人分别利用 SL 技术制作了树脂牙冠和桥。Wu 等应用 FDM 技术制作树脂冠、桥，并进行了包埋铸造。Maeda 在三维激光扫描获取上下颌石膏模型数字印模的基础上，设计了全口义齿数据，并采用 SL 技术制作了第一副成型义齿，但强度较低。RP 技术只能制造非金属原型，虽然具有良好的外形精度，但是不具备机械强度和机械性能，必须通过二次铸造才能获得最终的金属原型。

激光快速制造（rapid manufacturing，RM）技术可以直接制作出全密度、高精度、功能性的金属零件。Bennett 首先采用 MCP Realizer 设备分别制作了钴铬合金和不锈钢材料的基底冠、固定冠和固定桥，制作后的牙冠外形良好。Nadine 应用自己研发的 Phoenix SLM 系统设计并制作了镍铬合金的口腔基底冠，制成的基底冠外形、精度均良好，熔覆烤瓷后，制作的烤瓷牙冠具有非常好的颜色匹配性和边缘适合性。吴江、高勃等开发了一种激光快速成型（laser rapid forming，LRF）技术，可直接烧结成型金属修复体。

6.3.4　颌面赝复体的设计与制作

颌面赝复体主要用于治疗面部组织器官的畸形与缺损，恢复正常外观、功能或美化外观。传统颌面赝复体的设计是以手工堆积、雕削蜡模来实现的，通过失蜡铸造的方法翻制树脂或者硅橡胶来制作赝复体。赝复体的外观匹配与装戴舒适程度是衡量赝复体设计与制造质量的两个主要因素。然而，传统赝复体制作过程中人为影响因素比较多，对技师的雕削水平和经验要求较高，因此赝复体的制作有很大的局限性，且制作精度不高。

为克服以上缺点，很多医院开始探索采用生物三维打印技术制作各类赝复体，以义耳赝复体为例，其具体制作流程如图 6－13 所示。

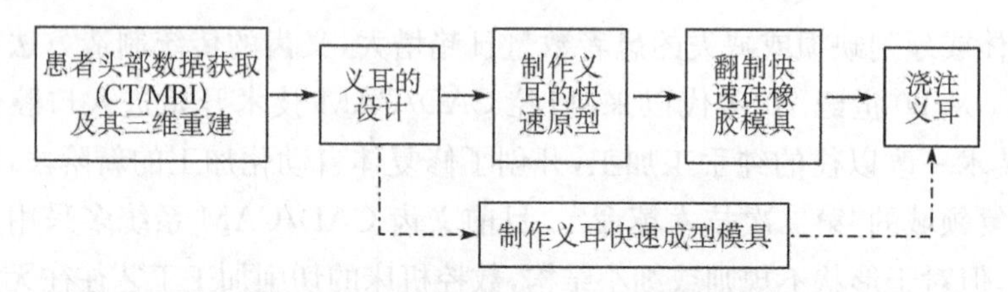

图 6－13　义耳赝复体设计与制作流程

(1) 患者头部数据获取。对于结构比较复杂的耳朵，通常采用 CT 扫描法获取患者头部数据，以扫描到耳轮内侧及耳甲等较隐蔽的表面，如图 6－14 所示。

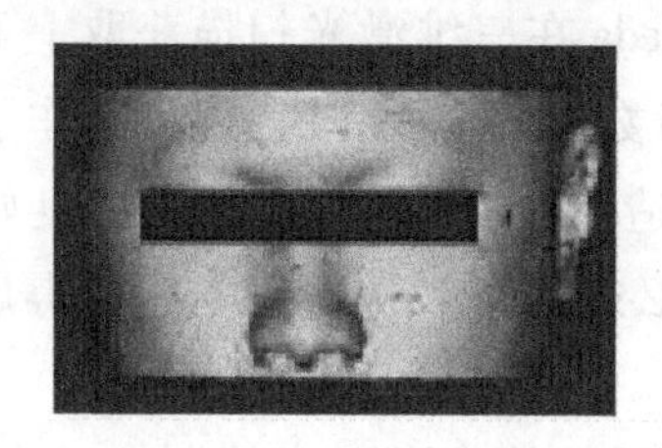

图 6－14　患者耳部的三维模型

(2) 镜像对称、布尔运算与图像修整。选取患者两眼角连线的中心线所在平面为对称面，将左侧耳郭正常形态镜像对称至右侧耳缺损区域，根据临床医生的经验，对耳郭位置做上下、前后及角度的微调，使镜像后的耳郭能准确定位。将定位后的镜像耳郭图像与缺损区图像进行布尔运算，从而获得了所需的义耳表面及组织面图像形态，如图 6－15 所示。还可以使用 Freeform 软件对图像进行光顺、修整，使之表面光滑，边缘清晰，如图 6－16 所示。

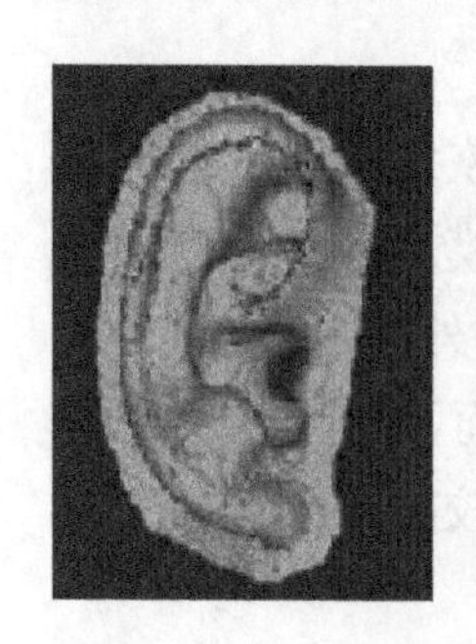

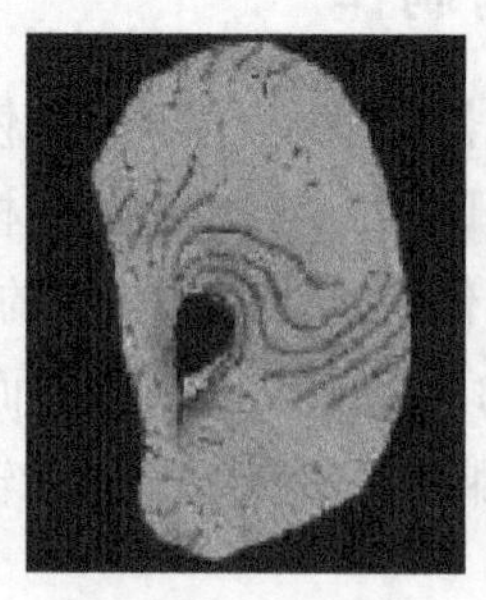

图 6－15　布尔运算后的镜像耳三维模型

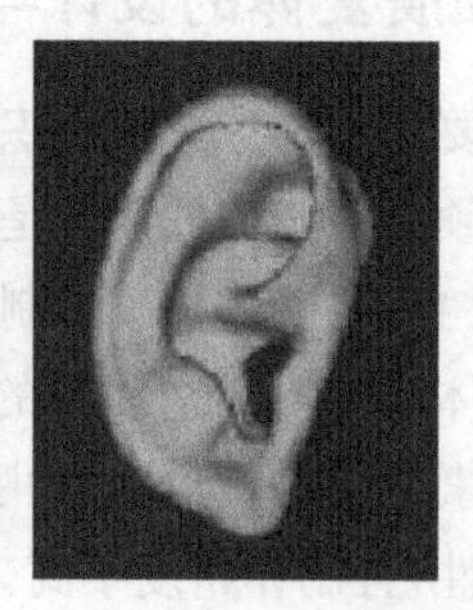

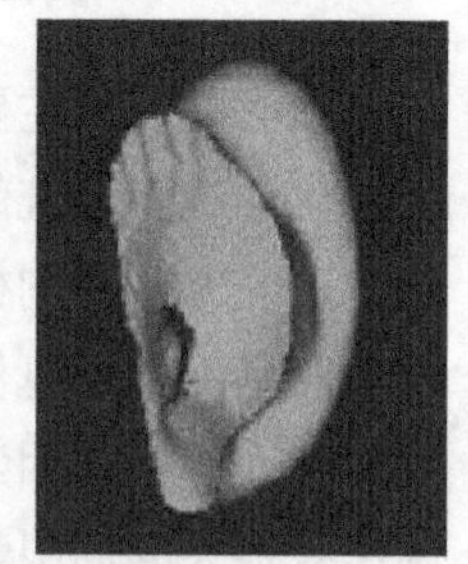

图 6－16　修整后的镜像耳模型

(3) 快速成型制作义耳。通过上述步骤完成的义耳图像数据，以 STL 文件格式输出到三维打印机，用 LOM 法(纸层切法)加工完成义耳阳模，再在室温下

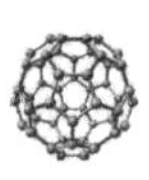

用硫化硅橡胶将纸制耳郭阳模翻制成阴模，根据患者肤色在医用特种硅橡胶内加入色素，调拌后注入阴模腔，待其固化后就得到了与患者皮肤色泽基本一致的义耳，如图 6－17 所示。

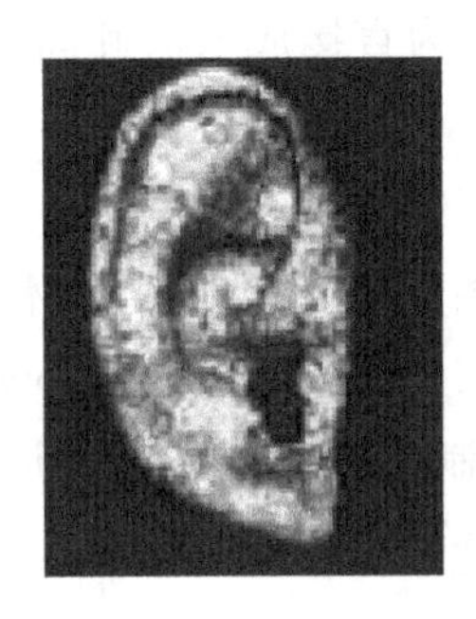

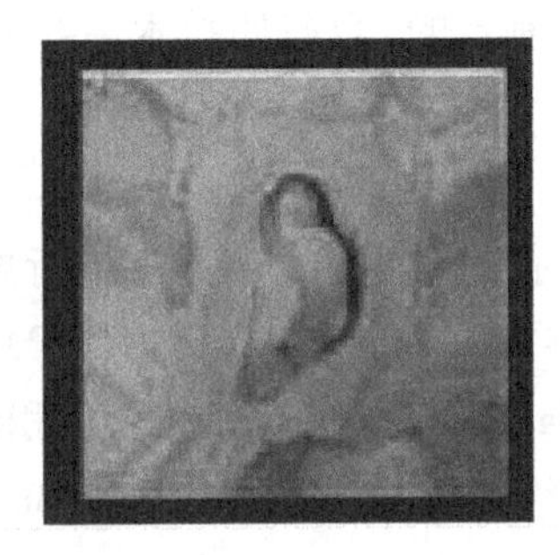

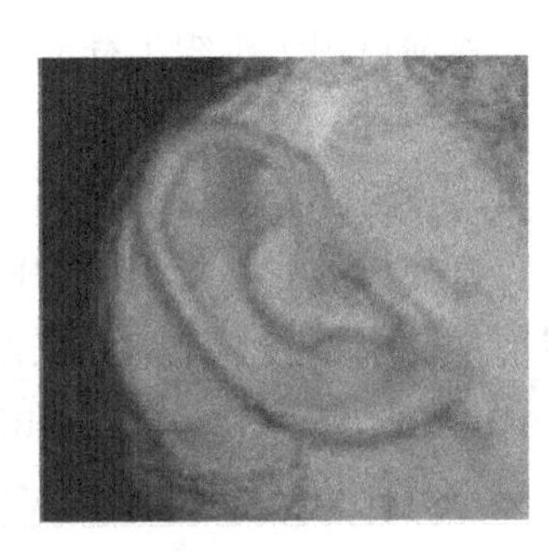

图 6－17　快速成型的纸耳、真空浇铸的阴模及临床结果照片

6.3.5　组织工程支架制备

组织工程是应用工程学、生命科学的原理和方法来制备具有生物活性的人工替代物，用以维持、恢复或提高人体组织、器官的一部分或全部功能。其基本原理为：将正常组织细胞吸附于生物相容性良好的生物材料上，形成复合物，经过一段时间的培养，细胞扩增同时生物材料逐渐降解吸收，从而形成具有特定形态、结构和功能的相应组织、器官，达到促进组织再生、修复创伤和重建功能的目的。

作为组织工程的载体，支架是组织工程中较为关键的因素之一，不仅提供细胞生长的三维环境和新陈代谢的场所，也决定新生组织器官的形状和大小。组织工程支架应该满足以下几点性能要求：① 三维贯通的可控孔隙结构和高孔隙率，为组织长入、组织再生过程中的营养输送和代谢产物排出提供通道；② 良好的生物相容性和生物降解性能，实现支架降解速度与组织再生速度的良好匹配；③ 适合细胞黏附、增殖与分化的表面化学性能；④ 良好的力学性能；⑤ 无任何不良反应；⑥ 容易制成不同的尺寸和形状。

组织工程支架的制备主要包括两方面内容：成型材料与成型技术。成型材料一方面要考虑支架的力学性能、细胞相容性等，另一方面也影响所能采用的成型方法。目前，要实现人体组织或器官的人工构建，成型技术面临巨大的挑战。现有支架成型技术包括手工成型、铸造成型、挤出成型、编织成型等。这些方法的主要缺点是不能精确控制支架孔隙的尺寸、形状和空间分布，且无法保证孔的连通性。因此，这些传统的支架成型技术不能适应组织工程的需要，其应用也逐渐被现代成型技术所取代。

目前可用于组织工程支架制备的3D打印技术主要分为直接成型法和间接成型法两种。

1. 直接成型法

直接成形法是指采用RP技术对生物材料直接进行离散/堆积的成型技术。目前主要成型技术包括：三维打印（3D printing，3DP）、低温沉积制造（low-temperature deposition manufacturing，LDM）、熔融沉积制造（Fused deposition manufacturing，FDM）和生物绘图技术（bio-plotting，BP）等。

（1）3DP技术

3DP技术是支架制备方法中应用最广的一种快速成型工艺，它通过使用液态黏合剂将铺有粉末的各层固化，直到支架成型完成。3DP制备的支架内部孔隙尺寸受粉体颗粒尺寸的影响，通常小于50 μm，可将3DP工艺与粒子沥出法相结合。由于打印过程中所使用的有机黏合剂具有一定的细胞毒性，可采用水基黏合剂或去离子水作为黏合剂。

Lam等以50%的玉米淀粉、30%的右旋糖苷、20%的明胶组成的混合物为原材料，加入一定量的去离子水进行黏结后，用3DP技术设计制造了四种管道结构和一种实体结构的圆柱形支架，并将所制造的多孔支架浸入含75% PLLA、25% PCL的二氯甲溶液，以增强支架的机械强度和抗水性。支架孔隙率测试结果显示，未渗透聚合物的实体支架孔隙率为59%；渗透了聚合物的支架孔隙率为54.7%，管道结构支架孔隙率在33.5%到43.9%之间。力学测试结果证明渗透了聚合物的支架力学性能和抗水性都明显提高。Seitz等用3DP技术将改良的HA粉体制造成多孔陶瓷支架坯体，然后进行高温烧结去除聚合物黏合剂，得到具有预设计内部管道结构的陶瓷支架，支架内部管道尺寸在450～570 μm范围内。Boland Thomas等以海藻酸钠和凝胶混合物溶于磷酸盐缓冲溶液为原料，以氯化钙为黏合剂固化凝胶混合表面的材料。喷射结束后先在PBS溶液冲洗下去除半交联状态的支架，再把支架置于氯化钙溶液中浸泡使其完全交联，完全交联的支架线宽达到10 μm，如图6-18所示。

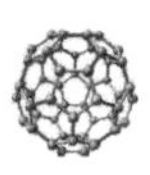

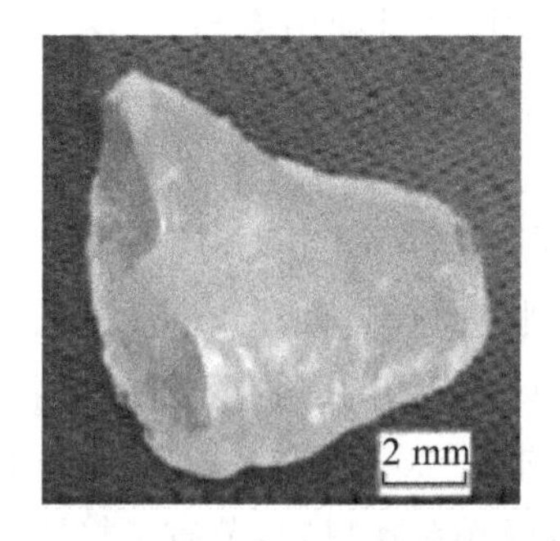

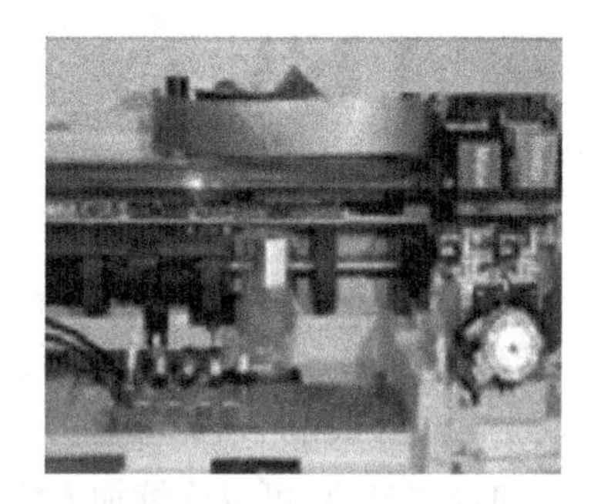

图 6-18　支架宏观结构及 3DP 设备

(2) LDM 技术

熊卓首先提出将数字挤压/喷射快速原型技术与热致相分离技术相结合，开发了 LDM 技术。LDM 工艺首先将支架材料制备成液态的浆料，在包含大孔结构设计的电子模型的驱动下，喷头将浆料在低温成型室中挤压/喷射并冷冻成型，得到具有大孔结构的冷冻支架。溶液在冷冻凝固过程中发生了分离，形成了液—液、固—液的两相结构。之后对支架进行冷冻干燥处理，溶剂升华挥发，形成内部具有多孔结构的固态支架。熊卓等用 LDM 工艺制备了 PLLA/磷酸三钙复合材料支架，如图 6-19 所示。支架三维贯通性良好，大孔直径为 400 μm，小孔平均直径为 5 μm，孔隙率达到 89.6%。多孔支架与骨形态发生蛋白复合后，修复试验犬缺损桡骨，效果良好。

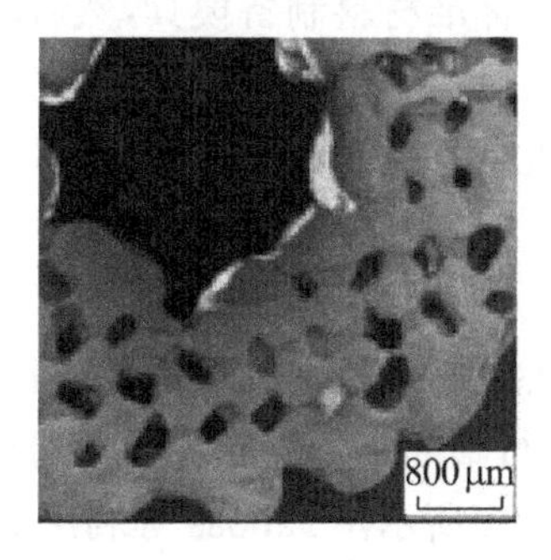

图 6-19　LDM 工艺成形的支架孔隙结构

(3) FDM 技术

FDM 工艺首先将待用的支架材料拉成丝状，通过快速成型机的喷头使丝料熔融并选择性地沉积在工作台上，层层堆积直到形成三维支架。采用该工艺制备的支架孔径小,纤维之间可以起到支撑作用,材料利用率高。改变铺设方式,可以获得不同层状结构和不同孔形态的支架。另一个优点在于不需要采用有毒的有机溶剂。但FDM工艺工作温度高于100℃,限制了生物分子的介入。

吴任东等提出了基于FDM工艺的螺旋挤压沉积喷头,扩展了材料的应用范围,可以使用丝状、颗粒状、粉状以及液态状的材料,使得FDM工艺在组织工程支架的成型方面得到了广泛应用。SUN等开发了精密挤出沉积工艺(precision extrusion deposition, PED),如图6-20所示。该喷头系统包括一套螺杆挤压筒和定位模块,可以连续加入块状或颗粒状材料,节省了挤压前材料配置的烦琐过程。

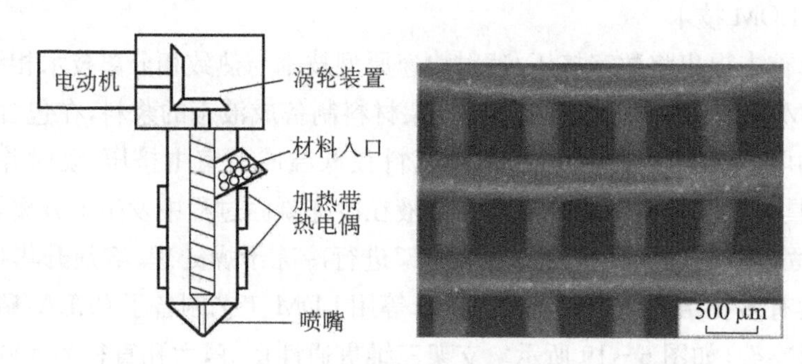

图6-20 PED喷头结构图与成型的复合材料支架

2. 间接成型法

间接成型法是指使用成型性能较好的标准材料制备模具,然后灌注组织工程生物材料,经处理得到支架的制备方法。主要步骤如下:① 根据支架宏观形状设计与之对应的铸造模具;② 利用快速原型技术成型模具;③将材料溶液浇注入模具;④ 去除模具,得到支架。

(1) 基于3DP的间接制备法

Sachlos等先用3DP技术制造模具,然后将胶原注入模具并进行冷冻,再用乙醇溶解模具,最后利用液态二氧化碳进行临界点干燥获得内部通道最小尺寸为135 μm的胶原支架,工艺过程如图6-21所示。Taboas等利用3DP设计制造一系列支架负型模具,通过铸造技术获得支架宏孔(500～800 μm)结构,同时结合传统的溶液浇铸/粒子沥滤方法获得支架内部的微孔(50～100 μm),并模仿人骨小梁结构制造出了具有复杂内部多孔结构体系的PLA支架。Wilson等用ModelMaker Ⅱ快速成型系统制备了石蜡材料的模具原型,将HA浆体填充到模具并烧结成型。动物试验证明所有移植到体内的支架中均发现有新骨形

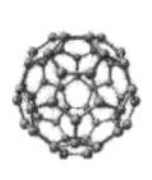

成,6 周后新骨生成率基本在 6%左右。

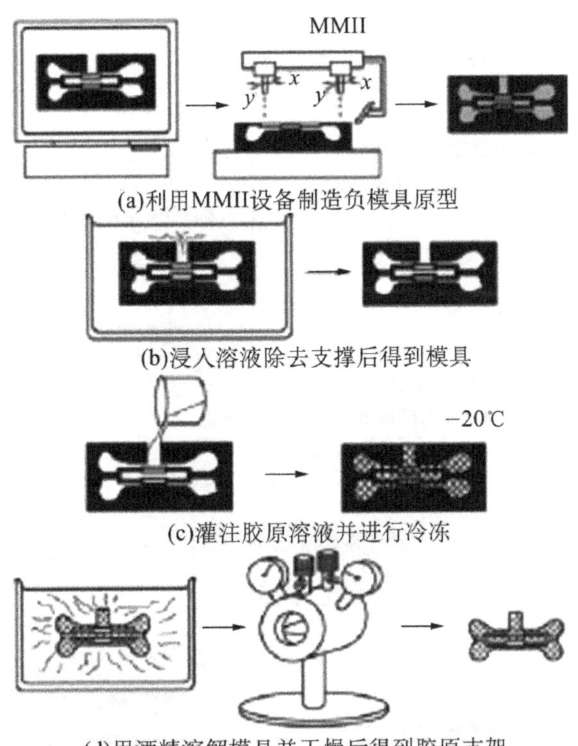

图 6 - 21　基于 3DP 技术的管状支架成型流程图

(2) 基于 SLA 的间接制备法

HE 等将 SLA 和 MEMS 的特点结合起来,利用一套精度为 100 μm 的光固化快速成型系统制备近似于二维结构的树脂支架。在二维支架表面填入聚合物和催化剂的混合物,在真空环境中反复减压去除气泡,形成致密的硅橡胶负模。然后将壳聚糖/凝胶的混合溶液灌注在硅橡胶负模中,同样在真空环境中进行抽气处理保证硅橡胶模内部流道充满待成型凝胶状材料。经过真空处理后的凝胶态溶液连同硅橡胶模一同放入冷冻干燥机进行相分离,得到具有复杂结构的薄层支架。最后用水作为黏合剂,将二维层片黏结起来形成三维支架。制备工艺流程如图 6 - 22 所示。图 6 - 23 为制备的 PDMS 负模以及胶原支架。

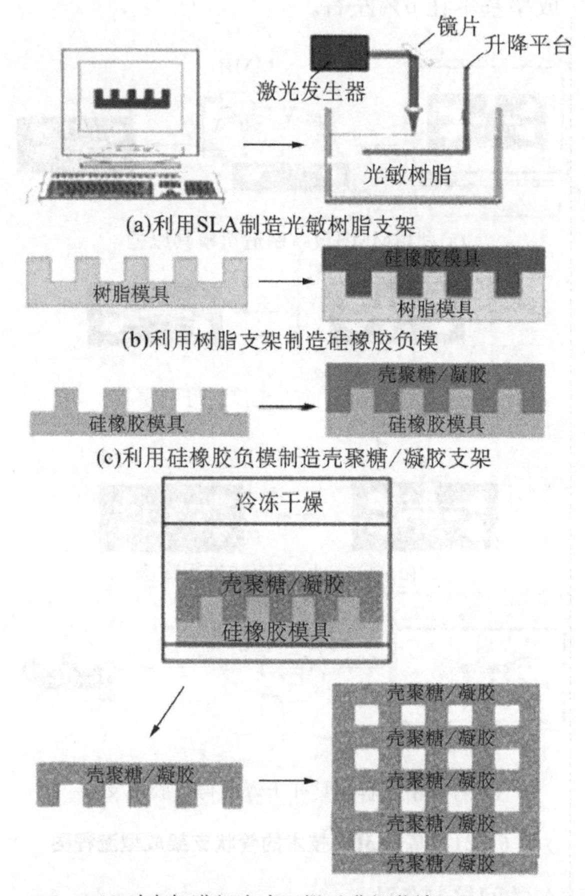

图 6-22　基于 SLA 和 MEMS 技术的支架制备工艺流程图

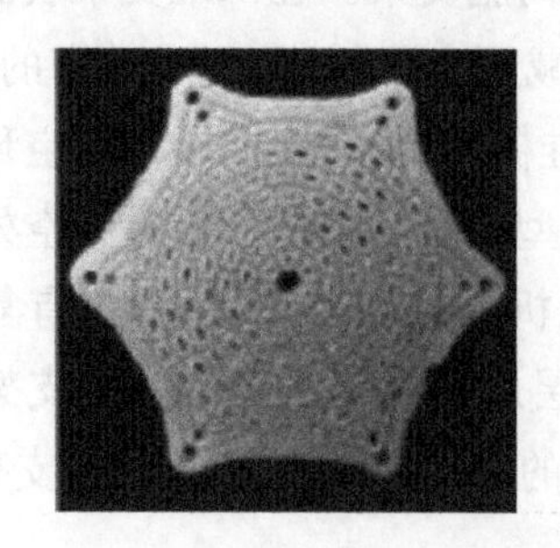
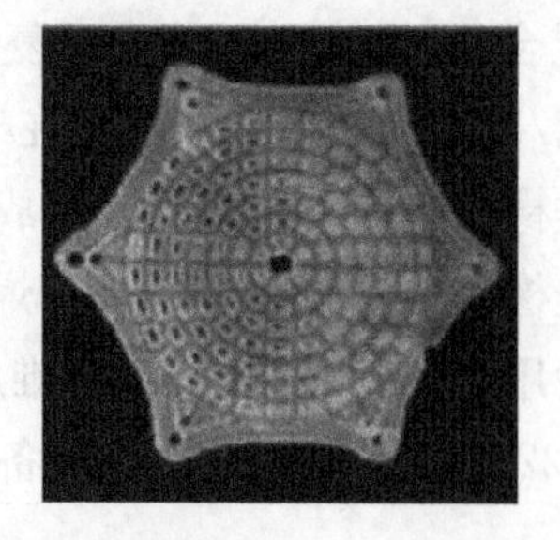

图 6-23　PDMS 模具与胶原支架

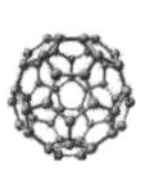

(3) 基于尖笔直写的熔模—浇铸制备法

王星等提出了尖笔直写熔模—浇铸法制备组织工程管状支架。首先建立三维血管网络的数字模型,利用分层软件对三维模型进行分层,规划出成型平台的扫描路径。尖笔直写系统作为数字模型和实体模型转换的桥梁,仅填充数字模型的外轮廓及必要的支撑,模型内部则不添加任何填充线,形成浇铸空腔。然后将生物材料,如聚氨酯、PLGA 等配置成溶液,浇铸进型腔内。经冷冻和热致相分离后,得到具有微观结构的管状支架。最后去除熔模便得到具有精细结构的组织工程管状支架。试验采用混合糖作为熔模支架材料,不仅具有良好的形状适应性和较高的形状精度,且材料无毒性、可溶于水,最终得到的支架具有良好的宏观结构,如图 6-24 所示。

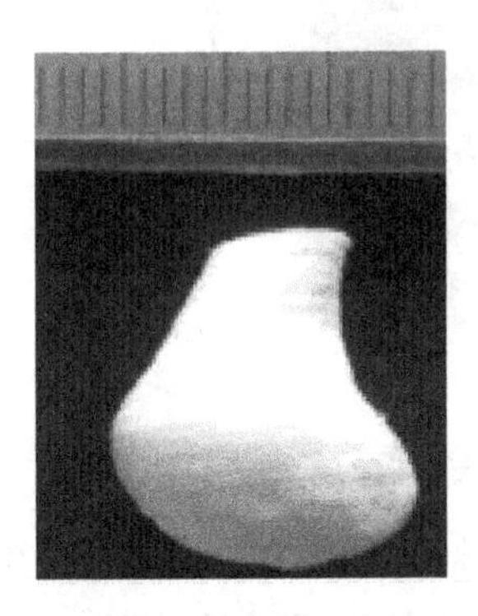
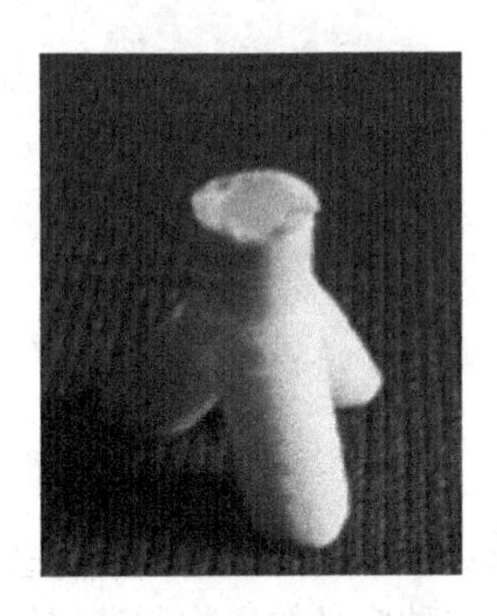

图 6-24　溶模—浇铸成型的骨关节与多分叉血管支架

6.3.6　细胞打印与重要实质性器官制造

细胞打印可以同时构建有生物活性的多细胞材料体,在时间和空间上可以准确沉积不同种类的细胞,同时构建细胞所需的三维微环境,有助于人类实现制造出可供临床移植的组织或器官的目标。然而,由于人类组织器官结构的复杂性、精细性,以及人们对自身生理学和病理学认识上的局限性,细胞打印技术在构造组织或器官的探索道路上还有很多问题亟待解决。

利用生物三维打印技术实现实质性器官打印在未来也是可行的,但相关研究目前还处于起始阶段,主要集中在对打印过后细胞的活性、表型及功能分析,打印完整器官进行培养还没有报道。要直接组装细胞称为一个活的预定义结构体还需要多方面的研究，包括着重研究细胞基质材料受控堆积后的三维结构体长期稳定性及特定功能类组织的形成；开发专用于器官打印的打印机；多喷头对多种细胞同时打印的实现方法；开发和打印机配套的程序；开发用于整体器官培养的设备等等，图 6-25 所示为通过抽取骨髓或脂肪里的干细胞打印心脏的示意图。

图 6-25　通过抽取骨髓或脂肪里的干细胞打印心脏

总的来说，生物三维打印技术从生物制造发展到仿生制造到生命体的制造，包括组织器官这种广义的生物制造，是学科交叉、融合和发展。基于 3D 打印技术的细胞三维受控组装工艺，是生物制造中最为核心的技术，其目标为具有新陈代谢特征的生命体的成型和制造。美国诺贝尔奖获得者 Gilbert 预言，用不了 50 年，人类将能培育人体的所有器官。在不远的未来，我们可能通过人工制造人体全功能内脏器官，建立能模拟特定生理系统机能的介于干细胞和人体之间的微笑生理系统单元，并建立组织工程体外的培养模型和制造的数据库。

1. 简述生物 3D 打印技术的原理。
2. 简述生物 3D 打印技术的应用领域。
3. 简述生物 3D 打印技术的优点。

第7章　其他3D打印成型工艺

由于3D打印技术的不断发展，在原有的基本成型工艺方法基础上又产生了许多新的3D打印工艺，如叠层实体制造(Laminated object manufacturing, LOM)、形状沉积制造(shape deposition manufacturing, SDM)、数字投影成型(digital lighting processing, DLP)、喷墨技术(PolyJet)、超声波增材制造(ultrasonic additive manufacturing, UAM)等。

7.1　叠层实体制造工艺

Paul L. Dimatteo 在其1976年的专利中提出：先利用轮廓跟踪器，将三维物体转换成许多的二维轮廓薄片，然后利用激光切割这些薄片，再利用螺钉、销钉等将这一系列的薄片连接成三维物体，该设想与LOM的原理很相似。

Michael Feygin 于1984年提出了LOM设想，并于1985年组建了Helisys公司(后为Cubic Technologies公司)，于1990年开发出了世界上第一台商用LOM设备——LOM-1015。

LOM常用的材料是纸、金属箔、陶瓷膜、塑料膜等，除了制造模具、模型外，还可以直接用于制造结构件。这种工艺具有成型速度快、效率高、成本低等优点。但是制件的黏结强度与所选的基材和胶种密切相关，废料的分离较费时间，边角废料多。国际上除Cubic Technologies公司(开发了LPH、LPS和LPF三个系列)外，日本的Kira公司、瑞典的Sparx公司以及新加坡的Kinergy精技私人有限公司和我国清华大学、华中科技大学以及南京紫金立德(与以色列SD Ltd合作)等也先后从事LOM工艺的研究与设备的制造。图7-1所示为紫金立德Solido SD300桌面LOM系统，该系统采用刀具切割PVC薄膜，层层黏结堆积成型。

图 7-1 Solido SD300 成型设备

本章主要以采用激光器切割纸的 LOM 工艺为例介绍 LOM 工艺。

1. LOM 成型工艺的优点

(1) 原型制件精度高。薄膜材料在切割成型时,原材料中只有薄薄的一层胶发生着固态变为熔融状态的变化,而薄膜材料仍保持固态不变。因此形成的 LOM 制件翘曲变形较小,且无内应力。制件在 Z 方向的精度可达±(0.2～0.3) mm,X 和 Y 方向的精度可达 0.1～0.2 mm。

(2) 原型制件具有较高的硬度和良好的力学性能。原型制件能承受 200℃ 左右的高温,可进行各种切削加工。

(3) 成型速度较快。加工时激光束沿着物体的轮廓进行切割,而无须扫描整个断面,所以 LOM 成型速度很快,常用于加工内部结构较简单的大型零件。

(4) 无须另外设计和制作支撑结构。

(5) 废料和余料容易剥离,且无须后固化处理。

2. LOM 成型工艺的缺点

(1) 不能直接制作塑料原型。

(2) 原型的弹性、抗拉强度差。

(3) 模型制件需进行防潮后处理。因为原材料选用的是纸材,所以原型易吸湿后膨胀,因此成型制件一旦加工好后,应立即进行必要的表面后处理,如防潮处理,可采用树脂进行防潮漆涂覆。

(4) 模型制件需进行必要的后处理。原型表面有台阶纹理,仅限于制作结构简单的零件,若要加工制作复杂曲面造型,则成型后需进行表面打磨、抛光等

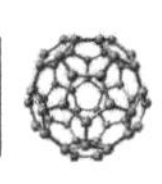

后处理。

(5) 材料利用率低,且成型过程中会产生烟雾。

LOM的成型过程如图7-2所示:原料供应与回收系统将存于其中的原料逐步送至工作台的上方,加热系统将一层层材料黏结在一起,计算机根据CAD模型各层切片的平面几何信息驱动激光头或刻刀,对底部涂覆有热敏胶的纤维纸或PVC塑料薄膜(厚度一般为0.1~0.2 mm)进行分层实体切割,即切割出轮廓线,并将无轮廓区切割成小方网格,以便在成型之后能剔除废料。随后工作台下降一个层厚高度,送进机构又将新的一层材料铺上并用热压辊碾压使其紧黏在已经成型的基体上,激光头再次进行切割运动切出第二层平面轮廓,如此重复直至整个三维零件制作完成。

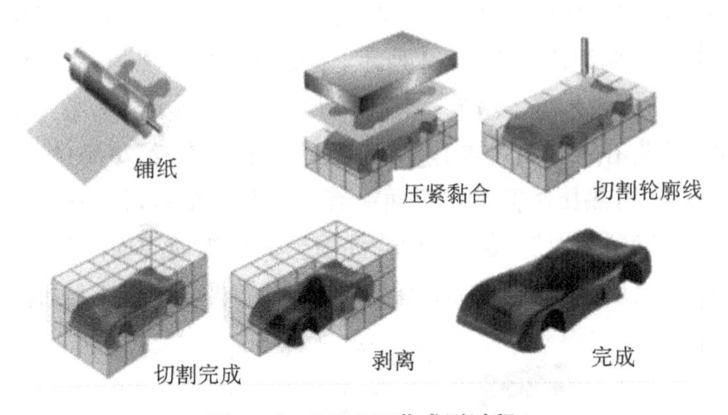

图7-2 LOM工艺成型过程

LOM的后处理一般包括:

1. 去除废料

原型件加工完成后,需用人工方法将原型件从工作台上取下。去掉边框后,仔细将废料剥离就得到所需的原型。然后抛光、涂漆,以防零件吸湿变形,同时也得到了一个美观的外表。LOM工艺多余材料的剥落是一项较为复杂而细致的工作。

2. 表面涂覆

LOM原型经过余料去除后,为了提高原型的性能和便于表面打磨,经常需要对原型进行表面涂覆处理。

纸材的最显著缺点是对湿度极其敏感,LOM原型吸湿后叠层方向尺寸增长,严重时叠层会相互之间剥离。为避免吸湿引起的这些后果,在原型剥离后短期内应迅速进行密封处理。表面涂覆可以实现良好的密封,而且可以提高原型的强度和耐热、防湿性能。原型表面涂覆的示意图如图 7－3 所示。

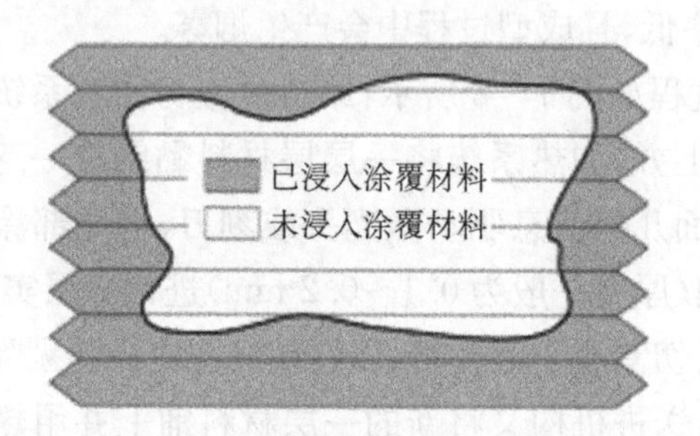

图 7－3　LOM 原型表面涂覆示意图

表面涂覆使用的材料一般为双组分环氧树脂，如 TCC630 和 TCC115N 硬化剂等。原型经过表面涂覆处理后，尺寸稳定而且寿命也得到了提高。

LOM 系统结构组成如图 7－4 所示，主要由切割系统、升降系统、加热系统以及原料供应与回收系统等组成。其中，切割系统采用大功率激光器。该 LOM 系统工作时，首先在工作台上制作基底，工作台下降，送纸滚筒送进一个步距的纸材，工作台回升，热压滚筒滚压背面涂有热熔胶的纸材，将当前叠层与原来制作好的叠层或基底粘贴在一起，切片软件根据模型当前层面的轮廓控制激光器进行层面切割，逐层制作，当全部叠层制作完毕后，再将多余废料去除。

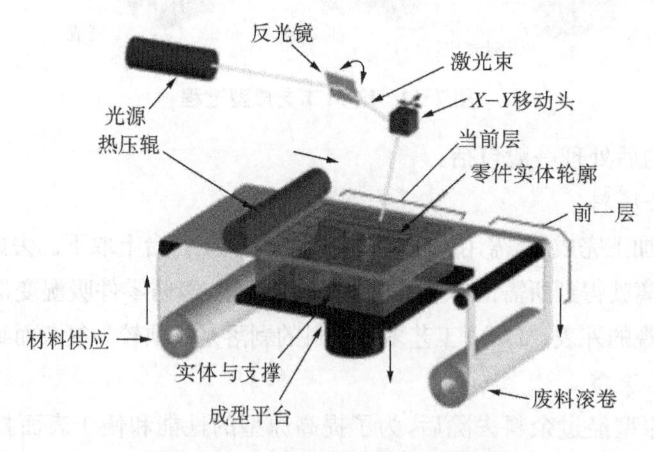

图 7－4　LOM 系统结构组成示意图

轮廓切割可采用 CO_2 激光或刻刀。刻刀切割轮廓的特点是没有污染、安全，系统适合在办公室环境工作。激光切割的特点是能量集中，切割速度快；但有烟，有污染，光路调整要求高。

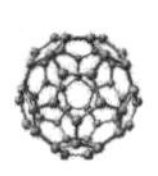

LOM 主要采用 CO_2 激光器，CO_2 激光切割是用聚焦镜将 CO_2 激光束聚焦在材料表面使材料熔化，同时用与激光束同轴的压缩气体吹走被熔化的材料，并使激光束与材料沿一定轨迹做相对运动，从而形成一定形状的切缝。

LOM 的光学系统在结构上与 SL 系统相似，主要由激光发射器、一系列的反光镜，以及分别用于实现 X，Y 方向运动的伺服电机、滚珠丝杠、导向光杠以及滑块等组成。在 LOM 中，光学系统一方面使激光将纸切割出对应的模型截面，另一方面将纸上对应区域的非模型截面部分切割成网格状。

激光切割可分为激光汽化切割、激光熔化切割、激光氧气切割和激光划片与控制断裂四类。

图 7－5 为悬臂式升降系统，用于实现工作台的上下运动，以便调整工作台的位置以及实现模型的按层堆积。较早的设计采用了双层平台的结构，将 XY 扫描定位机构和热压机构分别安装在两个不同高度的平台上。这种设计避免 XY 定位机构和热压装置的运动干涉，同时使设备总体尺寸不至过大。目前大多数叠层实体制造成型机都采用双层平台结构。双层平台中的上层平台称为扫描平台，在上面安装 XY 扫描定位机构以及 CO_2 激光器和光束反射镜等，可使从激光光源到最后聚焦镜的整个光学系统都在一个平台上，提高了光路的稳定性和抗震性。下层平台称为基准平台，在上面安装热压机构和导纸辊，同时它还连接扫描平台和升降台 Z 轴导轨，是整个设备的平面基准。它上面有较大的平面面积，可以作为装配时的测量基准。

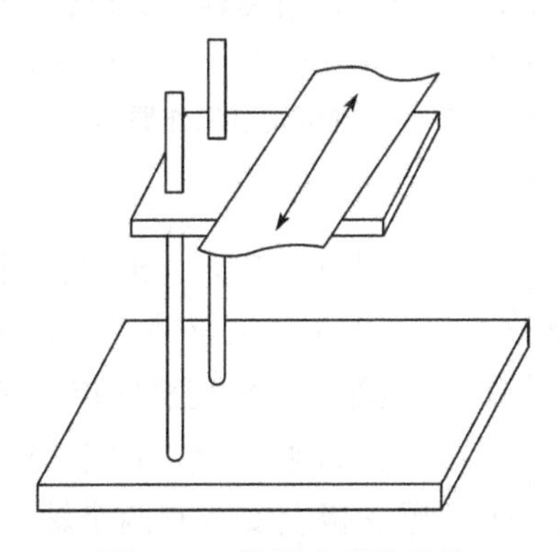

图 7－5　悬臂式升降系统

工作台一般以悬臂形式通过位于一侧的两个导向柱导向，有利于装纸、卸原型以及进行各种调整等操作。用于导向的两根导向柱由直线滚动导轨副实现。

工作台与直线导轨副的滑块相连接。为实现工作台的垂直运动,由伺服电机驱动滚珠丝杠转动,再由安装在工作台上的滚珠螺母使工作台升降。

加热系统的作用主要是:将当前层的涂有热熔胶的纸与前一层被切割后的纸加热,并通过热压辊的碾压作用使它们黏结在一起,即每当送纸机构送入新的一层纸后,热压辊就应往返碾压一次。

送纸装置的作用是:当激光束对当前层的纸完成扫描切割,且工作台向下移动一定的距离后,将新一层的纸送入工作台,以便进行新的黏结和切割。送纸装置的工作原理如图 7-6 所示。送纸辊在电机的驱动下顺时针转动,带动纸行走,达到送纸的目的。当热压辊对纸进行碾压或激光束对纸进行切割时,收纸辊停止旋转。当完成对当前层纸的切割,且工作台向下移动一定的距离后,收纸辊转动,实现送纸。

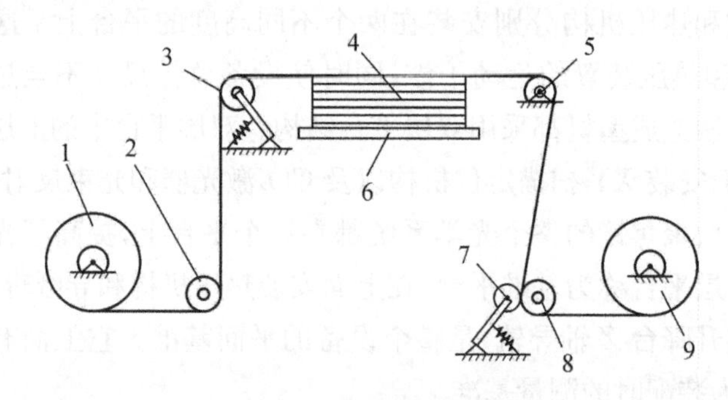

1. 收纸辊　2. 调偏机构　3. 张紧辊　4. 切割后的原型
5. 支撑辊　6. 工作台　7. 压紧辊　8. 支撑辊　9. 送纸辊

图 7-6　送纸装置工作原理图

1. 收纸辊部件

收纸辊的工作原理如图 7-7 所示。电机 1 通过锥齿轮副 2 驱动收纸辊轴 4 旋转,使收纸辊旋转而实现收纸。由于收纸辊部件要安放在成型机内,为便于取纸,操作者应能够方便地将收纸辊部分从成型机内拉出,故将收纸辊部分安装在了导轨上,而且部分导轨可以折叠,以便使整个收纸辊部件位于设备的机壳内部。在收纸辊机构的每一个支撑立板上安装有两个轴承,收纸辊轴直接放在轴承上,以便于卸纸。

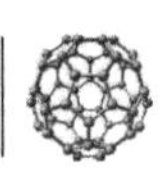

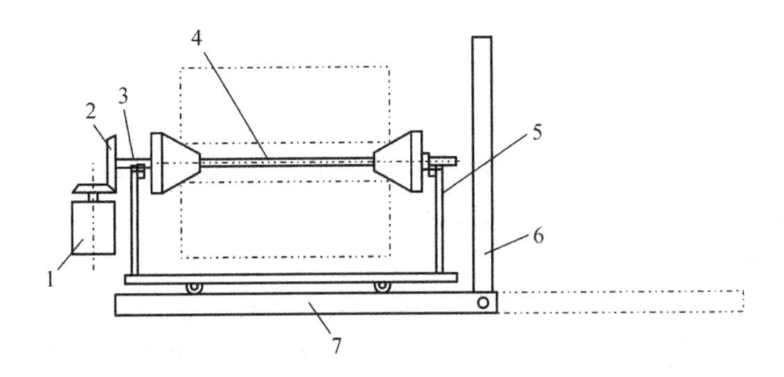

1. 电机　2. 锥齿轮副　3、5. 支撑立板　4. 收纸辊轴
6. 可折叠式导轨　7. 固定导轨

图 7-7　收纸辊工作原理图

2. 调偏机构

调偏机构的作用是通过改变作用于纸上的力来调整纸的行走方向，防止其发生偏斜。调偏机构的工作原理如图 7-8 所示。调偏辊 3 安装在调偏辊支座 4 上，利用两个调整螺钉 2 可使调偏辊支座以及调偏辊绕转轴螺钉 5 旋转，以改变纸的受力状况，实现调偏。调偏后，通过固定用螺钉 1 和转轴螺钉 5 将调偏辊支座固定在成型机机架上。

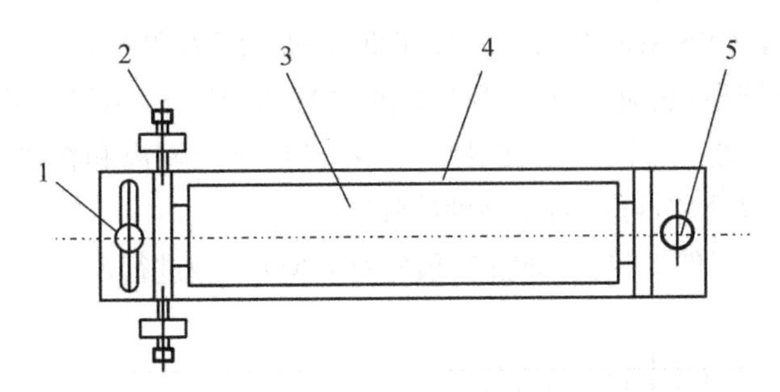

1. 固定用螺钉　2. 调整螺钉　3. 调偏辊
4. 调偏辊支座　5. 转轴螺钉

图 7-8　调偏机构工作原理图

3. 压紧辊组件

压紧辊的作用是保证将纸平整地送到工作台。因此，要保证压紧辊与支撑

辊有良好的接触，其结构如图 7－6 所示。在图 7－6 所示的送纸装置的工作原理图中，支撑辊 5、8 用于支撑纸的行走，结构较为简单。张紧辊 3 用于使纸始终保持张紧状态。

成型材料的热湿变形是影响 LOM 成型精度最关键也是最难控制的因素之一，主要表现为成型件的翘曲、扭曲、开裂等。

1. 热变形

目前，LOM 成型材料普遍采用表面涂有热熔胶的纸。在成型过程中通过热压装置将一层层的纸黏合在一起。由于纸和胶的热膨胀系数相差较大，加热后，胶迅速熔化膨胀，而纸的变形相对较小；在冷却过程中，纸和胶的不均匀收缩，使成型件产生热翘曲、扭曲变形。剥离废料后的成型件，由于内部有热残余应力而产生残余变形。在成型件刚度较小的部分（薄壁、薄筋），严重时引起开裂。

2. 吸湿变形

LOM 成型件是由复合材料叠加而成的，其湿变形遵守复合材料的膨胀规律。实验研究表明，当水分在叠层复合材料的侧向开放表面聚集之后，将立即以较大的扩散速度通过胶层界面，由较疏松的纤维组织进入胶层，使成型件产生湿胀，损害连接层的结合强度，导致成型件变形甚至开裂。

3. 减少热湿变形的措施

(1) 改进黏胶的涂覆方法。涂覆在纸上的黏胶为颗粒状时，由于其降温收缩时相互影响较小，热应力也小，所以成型件翘曲变形较小，不易开裂。

(2) 改进后处理方法。在成型件完全冷却后进行剥离和在成型件剥离后立即进行表面涂覆处理，可提高成型件的强度。

(3) 根据成型件的热变形规律，预先对 CAD 模型进行反变形修正。

7.2 形状沉积制造工艺

分层制造三维物体的方法使成型简化，易实现工艺自动化。从数学的角度看，平面分层是一种近似逼近的方法，存在原理性误差，即“台阶”效应，如图7－9所示，影响了工件的表面质量。只能通过降低层厚来减小表面误差，但“台阶”效应无法完全消除。为减小成型工件的表面误差，分层厚度应尽可能小，这使成型效率大大降低。

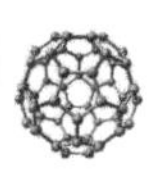

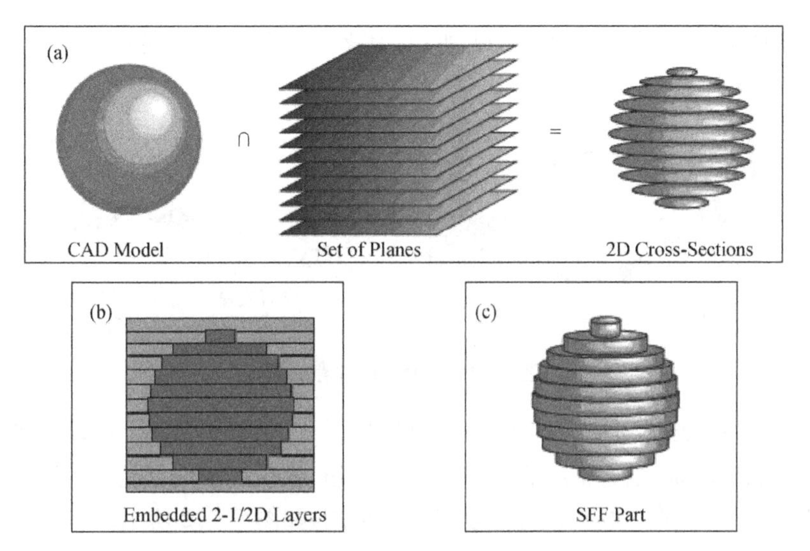

图 7-9　分层制造三维物体存在“台阶”效应

20 世纪 90 年代，卡内基—梅隆大学和斯坦福大学联合提出形状沉积制造(shape deposition manufacturing，SDM)方法，SDM 的成型过程如图 7-10 所示，把熔融的金属(即基体材料)层层喷涂到基底上，用数控(NC)方式铣去多余的材料，每层的支撑材料喷涂到其他区域，再进行铣削，支撑材料可视零件的特征而在基体材料之前或之后喷涂。

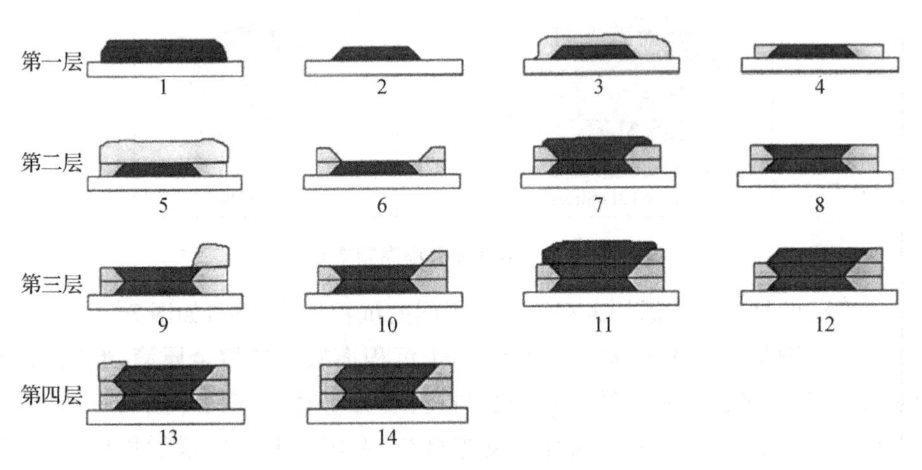

图 7-10　SDM 工艺成型过程

SDM 的铣削过程如图 7－11 所示，其多余材料的铣削是由一个机械手完成的。

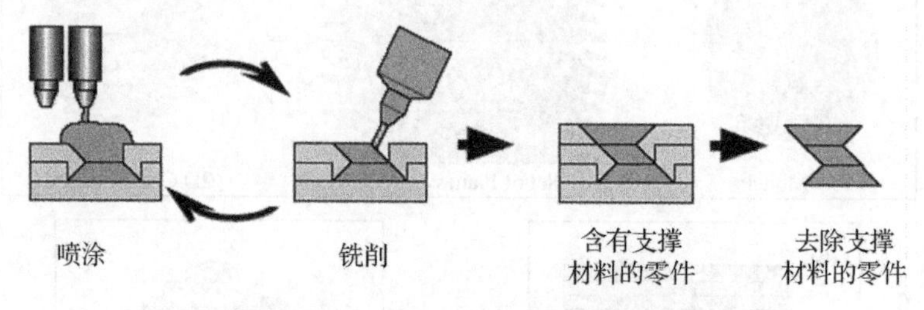

图 7－11　SDM 的铣削过程

SDM 可通过两种方式实现：一是直接加工；二是对于刀具干涉结构采用“复制”支撑材料表面间接加工，该方法类似于铸造，支撑加工面起到“模具”的作用。SDM 避免了“台阶”效应，工件的表面质量很高，如图 7－12 所示。

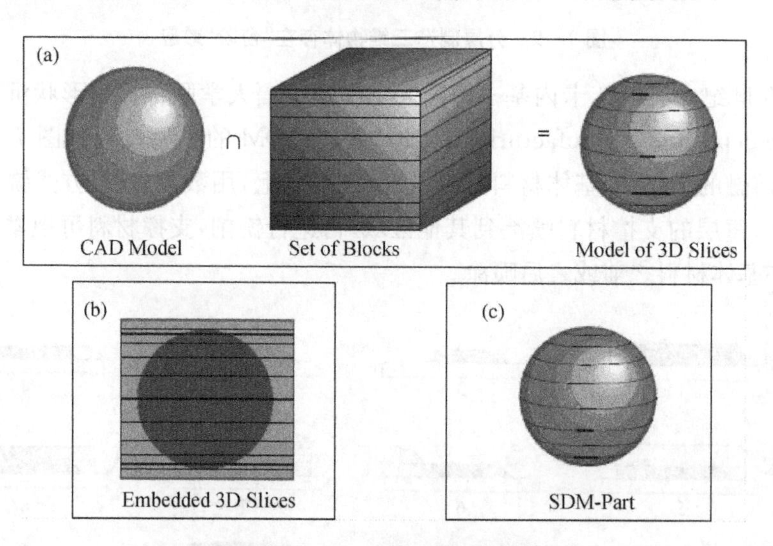

图 7－12　SDM 显著提高制造精度

SDM 的材料沉积添加过程采用了不同的沉积工艺方法，如图 7－13 所示。其中：(a) 图是一种非连续焊接过程，用于沉积离散的热熔金属滴，形成稠密的、冶金上连接在一起的结构，沉积的材料可为不锈钢或铜等金属材料。铜除了可作为零件材料外，也可作为支撑材料，在沉积制造完成后用硝酸蚀刻的方法去除；(b) 图是用热喷涂的方法来沉积高性能的薄层材料（包括金属、塑料及陶瓷），具有较高的沉积速度；(c) 图用于高速沉积合金钢材料；

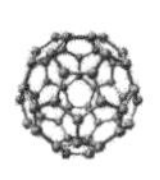

(d) 图用于沉积热塑性材料，支撑材料采用可加工的水融性材料；(e) 图用于沉积热固性材料，如环氧树脂/固化剂混合材料，支撑材料采用蜡，并用热融混合系统进行沉积；(f) 图采用喷射的方法沉积水融性光固化树脂；(g) 图用于沉积蜡材料，既可用于零件的沉积，也可用于支撑材料的沉积，这取决于具体的应用。

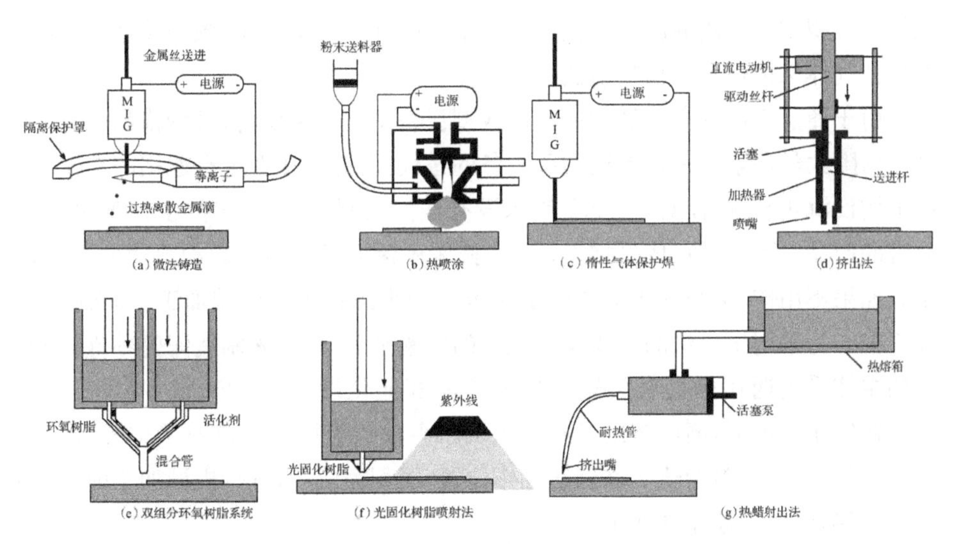

图 7-13　SDM 的材料沉积方法

当前，对 SDM 的研究尚处于实验室阶段，能够制造出具有一定精度和表面质量的产品。卡内基—梅隆大学搭建的 SDM 实验平台主要由 CNC 加工中心、沉积站、喷丸站和清洗站 4 个工作单元组成。零件被放置在夹具上，位于系统中央的机械手实现夹具在各个工作单元之间的移动。每个加工单元都有一个夹具接收机构，当机械手将放有零件的夹具输送至某个工作单元，该单元的接收机构能够自动完成对零件的定位和夹紧。整个 SDM 实验平台通过 Yokogawa 电子公司提供的用户化的操作系统进行调整。为了实验需要，零件输送机械手被制造成一个具有 6 个自由度，同时能负载 120 kg 的机器人。沉积站集成了多种沉积工艺方法。CNC 加工中心采用的是 FADAL VMC-6030 型 5 轴机床，它拥有 21 个刀位的自动换刀库。液动夹具接收器保证了零件在 CNC 机床的多次定位夹紧，精度达到 0.000 2 英寸。如果在加工中用到了切削液，那么夹具机械手还将把零件输送到清洗站，清洗残留的切削液。喷丸站则用于对沉积表面进行处理，以补偿沉积过程中由于温度梯度在沉积零件材料间形成的残留应力。

作为整个实验平台的关键组成部分，沉积站由消声室、空气处理系统和沉积机械手组成，消声室用于抑制噪声和隔离灰尘，空气处理系统用于灰尘过滤及收集，沉积机械手采用具有6个自由度的GMF－5700系统，并带有沉积头更换机构，可以根据不同的材料更换不同的沉积头。自动送料机构和电源放置在消声室上方的中间层内。通过消声室底部的活动门，零件输送机械手将夹具送入沉积站。沉积站中可用的沉积工艺方法包括电弧和等离子喷涂、微法铸造、金属焊丝惰性气体保护焊和热蜡喷射法。

由于商业用途的高性能实体自由成型设备多是专用设备，且价格昂贵，卡内基—梅隆大学探索了一种专用成型设备的替代品，即直接在现有通用的CNC铣床上增设沉积装置，而对于CNC铣床没有任何限制，可以是世界上任何型号和品牌的产品。除了进行成型加工，CNC铣床还保证了挤出头运动轨迹的精确控制。如果不用作SDM工艺，CNC铣床也可用来进行传统机械加工。5轴CNC加工中心与采用挤出法的沉积系统集成的实验平台，可用来制造陶瓷零件，该平台的主体采用通用的具有旋转式换刀库的商业化设备——Fadal VMC－15铣床。在气压作用下，高压挤出头可沿与机床主轴箱连接的滑轨做Z向移动。沉积材料时，挤出头沿滑轨下移到达工作位置；沉积完成后，进行机械加工时，挤出头则上移，以免干涉零件加工。

斯坦福大学搭建的SDM实验平台与卡内基—梅隆大学的不谋而合，也是采用通用Haas VF－0E型3轴CNC加工中心作为主体，附设用于沉积的相关装置，整个系统由计算机控制。其中的夹具接收器保证零件精确的定位和夹紧。在加工过程中可以停机检查，还可同时进行多工位加工。

斯坦福大学SDM实验平台结构如图7－14所示，材料可通过热蜡喷嘴或气动分配阀进行沉积，所有3个喷嘴都和直线滑轨相连，实现沿Z轴的上下移动。当进行沉积加工时，喷嘴下移到工作位置，当进行机械加工时，喷嘴上移，以免干涉刀具加工。整个沉积机构与机床主轴箱相连，能够精确控制其与零件表面的Z向垂直距离。而喷嘴在X和Y向的定位，则可由机床工作台的精确移动来实现。这种在机床主轴箱上附设沉积机构的方法，其唯一的缺点是主轴箱要负担沉积机构多余的重量，这将或多或少改变主轴箱的运动状态，影响其运动精度，所以沉积机构做得越轻越好。气动分配阀用来沉积成型零件所用的材料，而零件材料储存在一个加压的储槽中，它在沉积时呈微滴状，直径大约2 mm。热蜡喷嘴用来沉积SDM工艺中的支撑材料。红外光源和紫外光源也是实验平台的

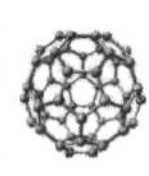

组成部分,其中紫外光源用来加速零件材料沉积后的固化,红外光源用来在沉积材料之前预热下层材料的上表面。在实验之前必须做全方位的检查,以保证两个光源能够完全照射到零件的表面。但由于两个光源过重,不能附设在主轴箱上,所以它们的 Z 向移动由专门的线性执行机构来实现。

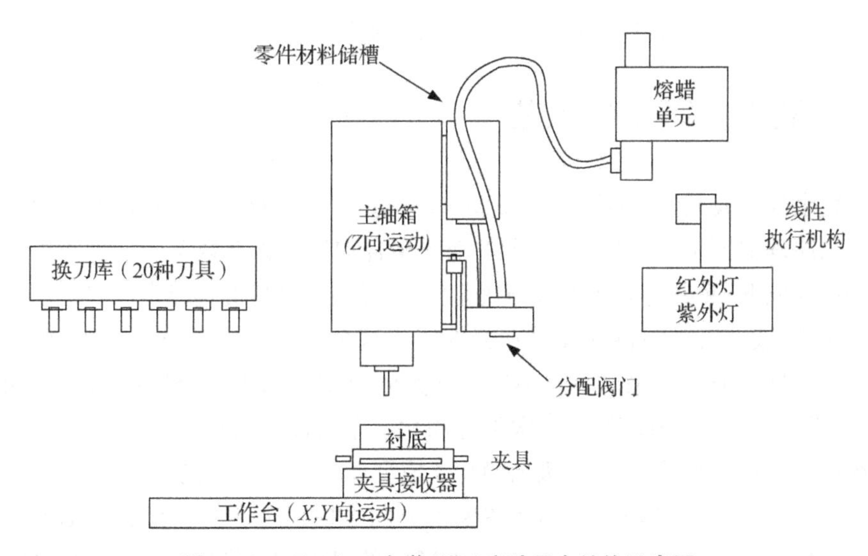

图 7 - 14　Stanford 大学 SDM 实验平台结构示意图

SDM 实验平台的控制系统原理如图 7 - 15 所示。无论 CNC 加工中心还是附设的沉积机构都是由专用计算机上的工艺控制程序实现控制的。最终的工艺

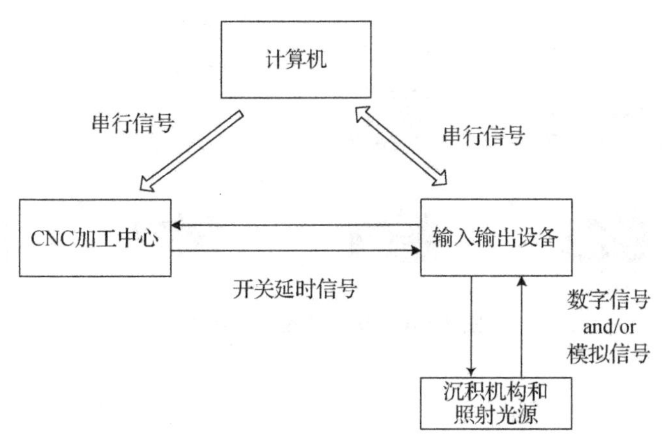

图 7 - 15　SDM 实验平台控制系统原理图

规划由操作顺序文件和一组加工所需的工艺参数清单组成，工艺控制程序将执行该工艺规划。工艺规划中一般都包括机械加工的代码，比如 X,Y,Z 方向的运动轨迹代码。工艺控制程序通过串行通信线下载到 CNC 加工中心。另外通过 I/O 接口电路，控制器执行程序命令发出正确的指令，比如开始沉积或开关紫外和红外光源，然后由具体的执行机构完成这些动作。

7.3 数字投影成型工艺

数字投影成型(digital lighting processing，DLP)也称掩模曝光快速成型，成型工艺原理如图 7-16 所示，大桶的液体聚合物被暴露在数字光处理投影机的安全灯环境下，暴露的液体聚合物快速变硬。然后，设备的构建盘以较小的增量向下移动，液体聚合物再次暴露在光线下。这个过程被不断重复，直到模型建成。最后排出桶中的液体聚合物，留下实体模型。DLP 与 SL 扫描方式如图 7-17所示，不同于 SL，DLP 一次曝光固化一个层面的实体。DLP 剔除了扫描振镜或 $X-Y$ 导轨式扫描器，极大简化了成型设备结构和工艺过程，具有更快的成型速度，成为 3D 打印技术的新兴发展方向。特别是 2005 年以来，随着数字微镜器件(digital micromirror device，DMD)的诞生和逐渐完善，DLP 越来越受到人们的广泛关注。采用 DLP 技术的代表设备是德国 EnvisionTEC 公司的 Ultra 3D 打印机，如图 7-18 所示。

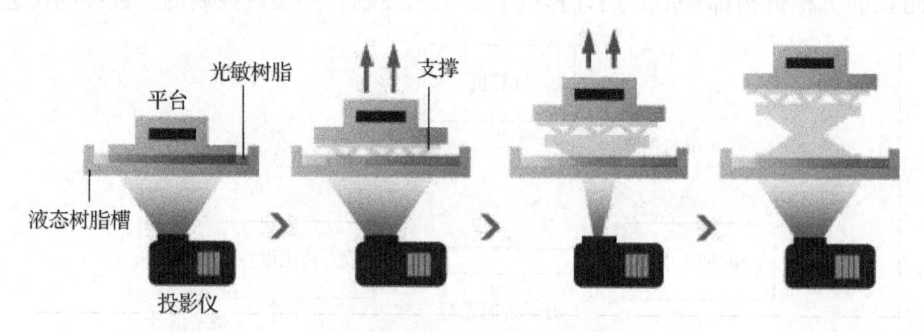

图 7-16 DLP 成型工艺原理

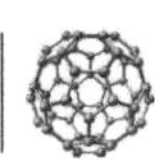

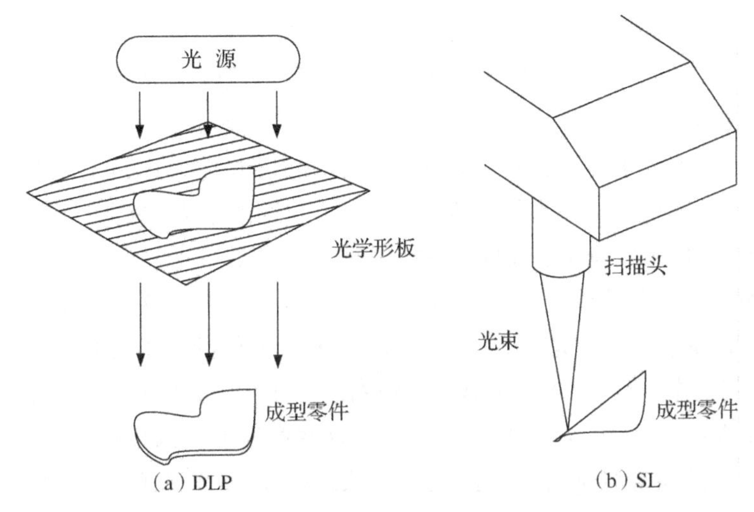

图7-17　DLP与SL扫描方式对比

图7-18　德国EnvisionTEC公司的Ultra 3D打印机

DLP的关键技术之一是生成图形动态掩模(dynamic mask)。早期利用静电复印技术原理,在玻璃底板上生成图形掩模,目前比较典型的图形生成工艺是液晶显示技术(liquid crystal display,LCD)和数字投影技术。

采用液晶显示技术形成掩模,再经过紫外灯的照射而固化实体的技术研究在国外开始得比较早,并且由于LCD液晶分子较好的可控性,使其成为形成掩模的较理想器件。世界上有多家机构对此进行了研究,特别是利用其高分辨率的特点，在微光固化(microstereolithography)领域里有较广泛的研究和应用。由于LCD液晶分子开关反应速度慢，对比度低，造成快速成型掩模边界轮廓不清晰，影响制件表面质量。并且，高能紫外光子会打断长链液晶分子的化学键，发生裂解，导致分子排列变差。随着LCD接受光照时间的积累，其液晶结构逐渐发生变化，黑色条纹失去旋光性，形成的黑洞逐渐增大，图形生成性能下降。这些都制约着LCD掩模快速成型系统的研究与发展。

DMD是DLP的核心器件，是用数字电压信号控制微镜片执行机械运动实现光学功能的装置。它是由数以万计的可以移动翻转的微小反射镜构成的光开关阵列，其工作原理是：每一个微反射镜对应一个像素，通过寻址微反射镜下面对应的RAM单元，可以使DMD阵列上的这些微反射镜偏转到开或关的位置。处于开状态的微镜对应亮的像素，处于关状态的微镜对应暗的像素，通过控制微镜片绕固定轴的旋转运动将决定反射光的角度方向和停滞时间，从而决定屏幕上的图像及其对比度，显示明暗相间的图像。因此，作为一种反射光调制器，DMD可以用激光、LED和常规灯泡作为工作光源，也可以作为高速空间光调制器(二进制)独立使用。其工作稳定性高，光反射调整迅速，工作寿命长，综合性价比高，而且光学系统结构简单、易实现。DMD对紫外光反射率高，其组成的微反射镜面由铝金属做成，对紫外光敏感度低，使用寿命远大于LCD。由于紫外光束只是经DMD微镜小铝片阵列反射，透过投影物镜照射到树脂液上，因此，不会出现光束通过LCD时能量衰减，曝光固化时间要短些，能明显提高加工速率。

DMD器件的价格一直居高不下，限制了它的应用。近年来，DMD器件的成品率和产量都有了大幅度的提高，产品的优良率达到了30%，这使得DMD器件的生产成本和市场价格有了大幅度下降，有利于DMD器件被广泛应用。目前，DLP方法获得了较为理想的结果。

图7-19所示为德国EnvisionTEC公司于2003年推出的快速成型设备Perfactory的系统原理图。采用下照式的照射方式和较浅的树脂槽，使用透明石英玻璃板作为树脂槽底板，完成一个层面的固化后，电子开关关闭遮挡光路，升降台上升一个层厚的高度，同时通过剥离机构完成已固化层与石英玻璃板的分离，新的树脂液会由于毛细作用自动流入其间的空隙形成新的待固化层，更换下一层轮廓图片，打开电子开关，开始下一层的曝光固化。反复进行以上过程完成整个实体的固化。该技术最大的特点在于涂覆树脂在曝光过程

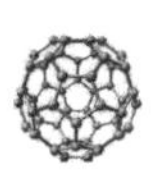

中，受到石英底板的约束，成功解决了翘曲变形问题，成型速度快，精度高，设备体积小，使用一般的高压紫外汞灯作为光源，加工方式简单可靠，在加工较小零件时，更能体现其高精度的特点。

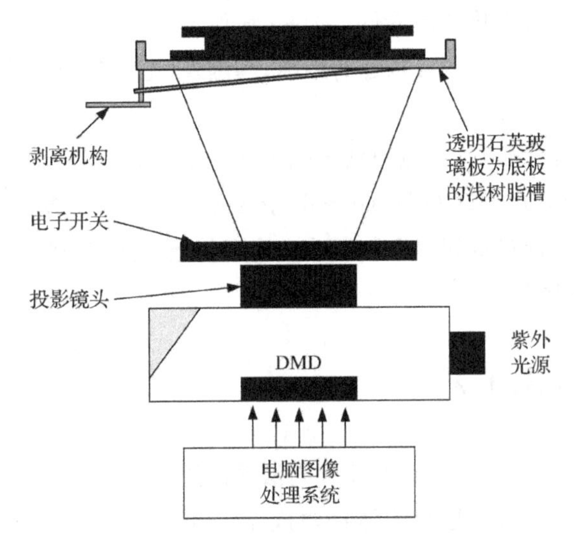

图7-19　Perfactory系统原理图

国内华中科技大学与武汉滨湖机电公司共同研制DLP快速成型设备，其成型机系统结构如图7-20所示。DLP工艺过程中，在完成模型切片分层处理后，将生成一系列对应三维模型信息的掩模图形，一般表示成BMP格式的图片文

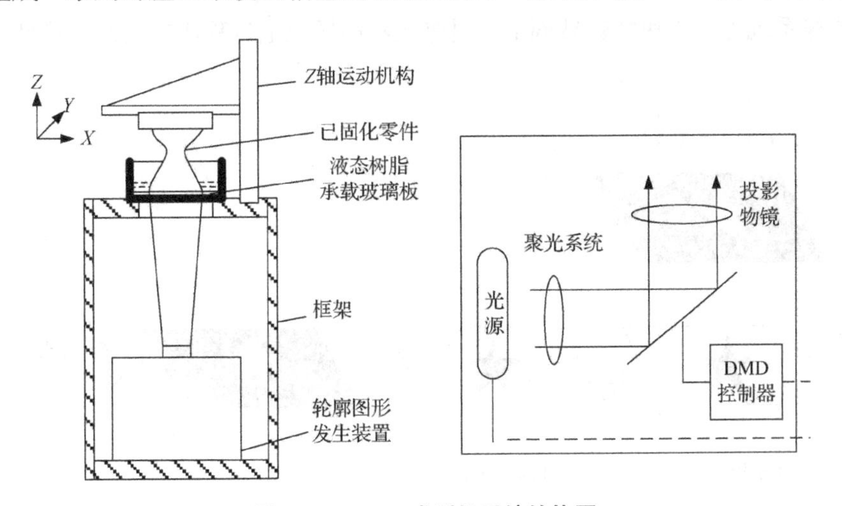

图7-20　DLP成型机系统结构图

件数据。通过控制系统和 BMP 显示驱动，便可以像慢速电影一样，图形按材料层固化时间一帧帧地显示在动态视图生成器上，紫外光源先经过聚光系统聚焦后均匀照射到动态视图发生器上，再经过投影物镜投射到液面上，生成图形动态掩模，曝光后可一次固化整层零件。但是，该设备在控制系统方面的研究有所欠缺，距离成型设备办公化的要求还有距离，与国外(主要是德国)同类设备相比也不够成熟。

为了解决传统物理遮光掩模技术需要大量光学轮廓图形遮板的问题，又逐渐发展出了基于空间光调制器(spatial light modulator，SLM)的投影式光固化快速成型机技术，通过空间光调制器改变光束传播方向，直接在树脂曝光液面上投射所需的轮廓图形。

7.4 喷墨技术工艺

喷墨技术工艺(PolyJet)是基于喷射液滴的逐层堆积和固化的一种 3D 打印工艺成型技术。PolyJet 是由实体掩模成型(solid ground curing，SGC)发展而来的。以色列 Cubital 公司 Nissan Cohen 发明的 SGC 与 3DP 相似，但是整个操作过程的逻辑与之相反，将成型的物质直接喷撒至工作台面后固化，形成想要的成品，这又与 FDM 有异曲同工之妙。

SGC 的基本原理是采用紫外光来固化树脂，其成型过程如图 7－21 所示，电子成像系统先在一块特殊玻璃上通过曝光和高压充电过程产生与截面形状一致

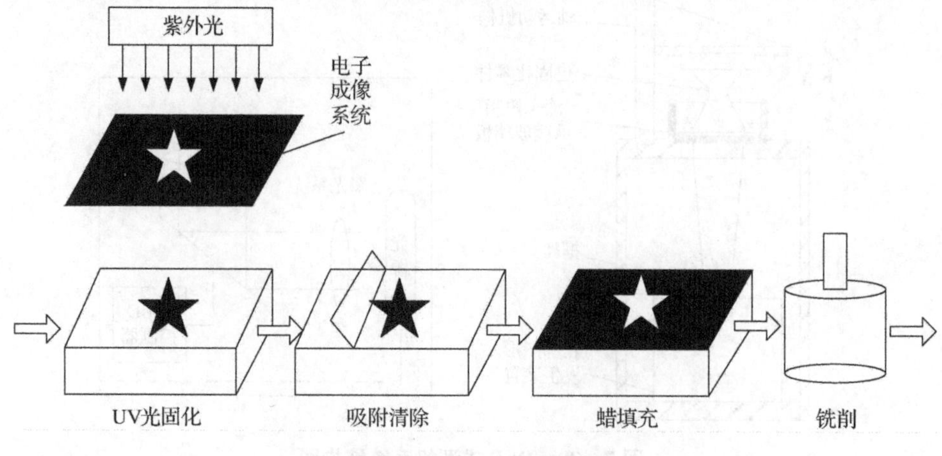

图 7－21 SGC 成型过程

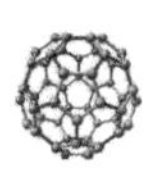

的静电潜像，并吸附上碳粉形成截面形状的负像，接着以此为“底片”用强紫外灯对涂覆的一层光敏树脂进行同时曝光固化，把多余的树脂吸附走之后，用石蜡填充截面中的空隙部分，接着用铣刀把截面铣平，在此基础上进行下一个截面的涂覆与固化。

SGC 的优点是：树脂同时曝光，加工大尺寸零件时速度比较快；不需要设计支撑；每一层均经过铣削，这样一来加工过程中树脂的收缩变形就不会影响到最终的尺寸精度。缺点是：树脂和石蜡的浪费较大，且工序复杂；不管成型大零件还是小零件，成型时间一样。

Cubital 公司于 2002 年结束营业，相关专利由另一家以色列公司 Objet Geometries Ltd.（以下简称 Objet）接收。之后，Objet 公司沿用并改良 SGC 技术，称其为 PolyJet，并申请了专利来商业化它的发明。Objet 公司于 2012 年与 3D 打印公司 Stratasys Inc. 合并，而 Stratasys Inc. 为存续公司，原 PolyJet 技术以“Objet”系列产品销售，图 7－22 为采用 PolyJet 工艺的 Objet260 Connex2。

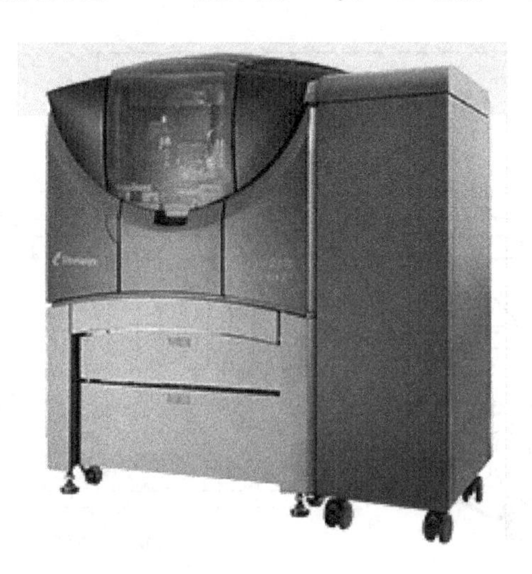

图 7－22　Objet260 Connex2

相较于 SGC，PolyJet 同样使用 CAD，并将各元件大大地整合，减少复杂的机构，并且不再使用机械式的剖面整平装置。PolyJet 结构如图 7－23 所示，整个系统包括原料喷撒器、控制器、CAD、硬化光源、打印头以及喷嘴等装置。与其他 3D 打印技术相比，PolyJet 的运动系统相对比较简单，如图 7－24 所示，只需要 X,Y,Z 三个方向的直线运动和定位，且 3 个方向上的运动都是独立进行的，不需要实现联动。

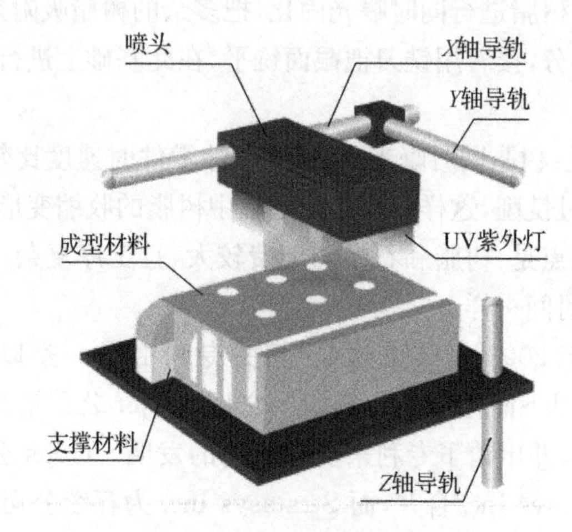

图 7-23 PolyJet 结构示意图

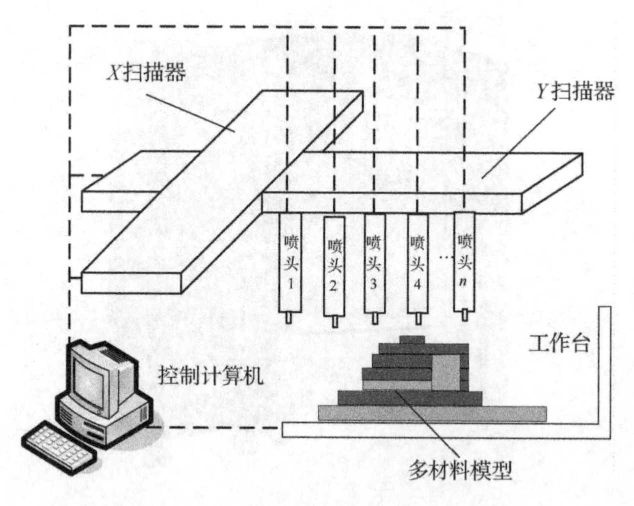

图 7-24 PolyJet 机械结构总体布局图

PolyJet 的成型过程为：根据零件截面形状，控制打印头在截面有实体的区域打印光固化实体材料和在需要支撑的区域打印光固化支撑材料，在紫外灯的照射下光固化材料边打印边固化。如此逐层打印逐层固化直至工件完成，最后除去支撑材料得到成型制件。

PolyJet 成型工艺必须满足的一个前提条件是：实体材料和支撑材料能够通

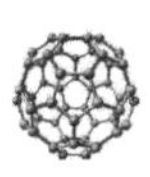

过喷射打印头稳定产生。可控的液滴，即材料必须具有可打印性，材料的可打印性涉及按需间歇喷射打印头中液滴的喷射过程和液滴的形成条件，主要受材料的黏度、密度和表面张力等物理参数的影响。经打印头喷射出的液滴以一定速度作用到成型工作面上，在液滴固化之前，需要经过液滴与成型面的碰撞。液滴在成型面上的扩展和液滴的再融合过程比较复杂，涉及液滴的润湿性、惯性力、界面张力和黏性力等的相互作用，同时这个过程也会对喷墨技术工艺的成型精度和成型质量产生重要影响。

1. 简述形状沉积制造工艺的原理。
2. 比较数字投影成型工艺与 SLA 成型工艺，分析两者的优劣。
3. 比较喷射技术工艺与 3DP 工艺，分析两者的优劣。

参考文献

著作类

[1] 韩霞,杨恩源.快速成型技术与应用[M].北京:机械工业出版社,2012.

[2] 杨继全.三维打印设计与制造[M].科学出版社,2013.

[3] (美)佩蒂斯(Pettis,B.),(美)弗朗斯(France,A.),等.爱上3D打印机:MakerBot权威手册[M].Magicfirm MBot组译.北京:人民邮电出版社,2013.

[4] (美)胡迪·利普森(Hod Lipson),等.3D打印:从想象到现实[M].北京:中信出版社,1970.

[5] 郭少豪,吕振.3D打印:改变世界的新机遇新浪潮[M].北京:清华大学出版社,2013.

[6] 吴怀宇.3D打印——三维智能数字化创造[M].北京:电子工业出版社,2014.

[7] (美)Brian Evans.解析3D打印机:3D打印机的科学与艺术[M].程晨,译.北京:机械工业出版社,2014.

[8] 杨继全,冯春梅.3D打印:面向未来的制造技术[M].北京:化学工业出版社,2014.

期刊类

[9] 朱晖,章维一,等.光造型系统中的控制软件[J].机电一体化,1999(6):22-24.

[10] 陶明元,韩明. LOM 成形精度的分析[J]. 锻压机械,2000(5):12－13.

[11] 洪军,李涤尘,唐一平,等. 快速成型中的支撑结构设计策略研究[J]. 西安交通大学学报,2000,34(9):58－61.

[12] 余国兴,李涤尘,刘卫玲. 一种新型分层实体制造技术[C]//特种加工技术——2001 年中国机械工程学会年会暨第九届全国特种加工学术年会论文集. 2001:312－314.

[13] 杨继全,侯丽雅,章维一,等. 光造型技术在微机电系统中的应用研究[J]. 中国机械工程,2002,13(1):32－35.

[14] 李鹏,熊惟皓. 选择性激光烧结的原理及应用[J]. 材料导报,2002,16(6):55－58.

[15] 陈中中,李涤尘,卢秉恒. 气压式熔融沉积快速成形系统[J]. 电加工与模具,2002(2):9－12.

[16] 刘光富,李爱平. 熔融沉积快速成形机的螺旋挤压机构设计[J]. 机械设计,2003,20(9):23－26.

[17] 翟媛萍,杨继全,侯丽雅,等. 光造型工艺对制件形变影响的应力——应变分析[J]. 化工学报,2003,54(8):1146－1149.

[18] 杨继全,侯丽雅. 光固化零件的变形理论研究[J]. 机械科学与技术,2004,23(6):723－727.

[19] 何新英,陶明元,叶春生. FDM 工艺成形过程中影响成形件精度的因素分析[J]. 机械与电子,2004(9):77－78.

[20] 洪军,唐一平,卢秉恒,等. 光固化快速成型中零件非水平下表面的支撑设计规则研究[J]. 机械工程学报,2004,40(8):155－159.

[21] 韩召,曹文斌,林志明,等. 陶瓷材料的选区激光烧结快速成型技术研究进展[J]. 无机材料学报,2004,19(4):705－713.

[22] 张永,周天瑞,徐春晖. 熔融沉积快速成型工艺成型精度的影响因素及对策[J]. 南昌大学学报:工科版,2007,29(3):252－255.

[23] 许晓琴. 影响 LOM 快速成型的加工效率的因素及对策研究[J]. 机械工程师,2008(5):54－56.

[24] 刘斌,谢毅. 熔融沉积快速成型系统喷头应用现状分析[J]. 工程塑料

应用,2008,36(12):68 - 71.

[25] 刘厚才,莫健华,刘海涛.三维打印快速成形技术及其应用[J].机械科学与技术,2008,27(9):1184 - 1186.

[26] 梁淼.3DP快速成型精度分析[J].机械工程师,2009(5):42 - 43.

[27] 夏俊,杨继全.彩色三维打印机控制系统的开发[J].南京师范大学学报:工程技术版,2009,9(2):8 - 12.

[28] 王伊卿,贾志洋,赵万华,等.面曝光快速成形关键技术及研究现状[J].机械设计与研究,2009,25(2):96 - 100.

[29] 王葵.激光固化快速成型的涂覆技术[J].机床与液压,2010,38(16):20 - 21.

[30] 任乃飞,张福周,王辉,等.金属粉末选择性激光烧结技术研究进展[J].机械设计与制造,2010(2):201 - 203.

[31] 叶世栋,李耀棠.激光固化快速成型的树脂液面控制与涂覆[J].机电工程技术,2011,40(5):93 - 94,117.

[32] 王广春,袁圆,刘东旭.光固化快速成型技术的应用及其进展[J].航空制造技术,2011(6):26 - 29.

[33] 秋凌.世界首辆3D打印赛车完成测试[J].科学大观园,2012(19):8 - 9.

[34] 张鸿海,朱天柱,曹澍,等.基于喷墨打印机的三维打印快速成型系统开发及实验研究[J].机械设计与制造,2012(7):122 - 124.

[35] 曾锋,阎汉生,王平.基于FDM的产品原型制作及后处理技术[J].机电工程技术,2012,41(8):99 - 102.

[36] Brent Stucker. Additive manufacturing technologies: Technology introduction and business implications[J]. Frontiers of Engineering: Reports on Leading-Edge Engineering from the 2011 Symposium, 2012:5 - 14.

[37] 杨继全.三维打印产业发展概况[J].机械设计与制造工程,2013,42(5):1 - 6.

[38] 刘铭,张坤,樊振中.3D打印技术在航空制造领域的应用进展[J].装备制造技术,2013(12):232 - 235.

[39] 杨恩泉. 3D 打印技术对航空制造业发展的影响[J]. 航空科学技术,2013(1):13-17.

[40] 李福平,邓春林,万晶. 3D 打印建筑技术与商品混凝土行业展望[J]. 混凝土世界,2013(3):28-29.

[41] 卢秉恒,李涤尘. 增材制造(3D 打印)技术发展[J]. 机械制造与自动化,2013,42(4):1-4.

[42] 王忠宏,李扬帆,张曼茵. 中国 3D 打印产业的现状及发展思路[J]. 经济纵横,2013(1):90-93.

[43] Zhai Y, Lados D A, Lagoy J L. Additive Manufacturing: Making Imagination the Major Limitation[J]. Jom the Journal of the Minerals Metals & Materials Society, 2014,66(5):808-816.

[44] 左世全. 我国 3D 打印发展战略与对策研究[J]. 世界制造技术与装备市场,2014(5):44-50.

[45] 张颖,杨继全. 三维打印产业区域发展现状及思考[J]. 机械设计与制造工程,2014,43(6):1-7.

[46] 中塑在线. 碳纤维增强型塑料助力全球首款 3D 打印车[J]. 工程塑料应用,2014(10):11.

[47] 陈艳芳. 光固化快速成型机液位控制机构优化设计[J]. 机械管理开发,2014(4):8-11.

[48] 本刊资料室. 3D 打印大事记[J]. 大众科学,2014(6):16-17.

[49] 张曼倩. 中国航天十大新闻[J]. 卫星应用,2015(1):9-11.

[50] 史玉升,张李超,白宇,等. 3D 打印技术的发展及其软件实现[J]. 中国科学:信息科学,2015,45(2):197-203.

[51] 王子明,刘玮. 3D 打印技术及其在建筑领域的应用[J]. 混凝土世界,2015(1):50-57.

[52] 邵中魁,姜耀林. 光固化 3D 打印关键技术研究[J]. 机电工程,2015,32(2):180-184.

论文类

[53] 杨猛. 3D 打印驱动电路设计及文件切片算法研究[D]. 北京:北京印刷

学院，2014.

[54] 王柏通. 3D 打印喷头的温度分析及控制策略研究[D]. 长沙：湖南师范大学，2014.

[55] 刘杰. 光固化快速成型技术及成型精度控制研究[D]. 沈阳：沈阳工业大学，2014.

[56] 张斌. 3D 打印驱动关键技术研究[D]. 北京：北京印刷学院，2015.

会议录

[57] Fessler J, Merz R, Nickel A, et al. Laser Deposition of Metals for Shape Deposition Manufacturing[C]// Solid Freeform Fabrication Symposium. 1996: 117 - 124.